国家出版基金项目
NATIONAL PUBLICATION FOUNDATION

有色金属理论与技术前沿丛书

氨性溶液金属萃取与微观机理

SOLVENT EXTRACTION AND MICROSCOPIC MECHANISM
OF METAL IONS IN AMMONIACAL SOLUTIONS

胡久刚　陈启元　著
Hu Jiugang　Chen Qiyuan

中南大学出版社
www.csupress.com.cn

CNMC　中国有色集团

内容简介 / Introduction

开发适合低品位矿、尾矿等非传统矿物的技术和工艺流程是我国有色冶金工业发展的重要方向。本书从萃取平衡和溶液结构两个方面，系统研究了氨－硫酸铵溶液中铜、镍、锌金属离子的萃取行为，分析了水和氨在萃取有机相中的分配规律，结合紫外－可见光谱（UV－Vis）、红外光谱（FT－IR）和 X 射线近边吸收光谱（XANES）和扩展 X 射线精细结构光谱（EXAFS）等方法研究了水相及有机相中的物种及其微观结构对萃取过程的影响，阐明了氨性溶液中铜、镍、锌金属离子的微观萃取机理，为低品位复杂氧化矿物氨配合冶金体系的建立提供了可靠的理论依据。

作者简介 / About the Author

胡久刚 男，2012 年毕业于中南大学，获冶金物理化学专业博士学位，毕业后留校任教，一直从事有色金属资源化学相关的基础研究，主要研究方向为有色金属的萃取分离、湿法冶金过程的复杂溶液结构及界面行为研究等。曾荣获 2015 年湖南省优秀博士学位论文。目前主持国家自然科学基金青年项目、中国博士后基金、湖南省自然科学基金各 1 项，参与国家 973 项目 1 项、国家自然科学基金重点项目 1 项，已在 Chemical Engineering Hydrometallurgy、Separation and Purification Technology、Journal of Physical Chemistry A 等国际权威刊物发表论文 10 余篇。

陈启元 中南大学教授，博导，973 首席科学家，长期从事物理化学和冶金物理化学领域的研究，以资源综合利用和材料制备过程研究为特色，将物理化学理论和方法与现代物质结构测试技术相结合，为相应领域新工艺、新技术的形成和发展提供理论基础。在国家 973 项目、863 项目、国家自然科学基金(重点)项目等的资助下，在冶金和材料相关体系的热力学性质测定、冶金化学平衡、冶金过程动力学与过程强化、功能材料设计与制备、资源回收利用等基础研究领域作了大量的工作，研究工作受到国内外同行的重视和高度评价，在国内外权威及知名刊物上发表论文 300 余篇，其中 SCI 和 EI 收录 200 多篇，获得国家级、省部级科研及教学成果奖 10 余项，出版专著 3 部。

学术委员会

Academic Committee 国家出版基金项目
有色金属理论与技术前沿丛书

主 任

王淀佐　中国科学院院士　中国工程院院士

委 员 （按姓氏笔画排序）

于润沧	中国工程院院士	古德生	中国工程院院士
左铁镛	中国工程院院士	刘业翔	中国工程院院士
刘宝琛	中国工程院院士	孙传尧	中国工程院院士
李东英	中国工程院院士	邱定蕃	中国工程院院士
何季麟	中国工程院院士	何继善	中国工程院院士
余永富	中国工程院院士	汪旭光	中国工程院院士
张文海	中国工程院院士	张国成	中国工程院院士
张懿	中国工程院院士	陈景	中国工程院院士
金展鹏	中国科学院院士	周克崧	中国工程院院士
周廉	中国工程院院士	钟掘	中国工程院院士
黄伯云	中国工程院院士	黄培云	中国工程院院士
屠海令	中国工程院院士	曾苏民	中国工程院院士
戴永年	中国工程院院士		

总序

Preface

当今有色金属已成为决定一个国家经济、科学技术、国防建设等发展的重要物质基础，是提升国家综合实力和保障国家安全的关键性战略资源。作为有色金属生产第一大国，我国在有色金属研究领域，特别是在复杂低品位有色金属资源的开发与利用上取得了长足进展。

我国有色金属工业近30年来发展迅速，产量连年来居世界首位，有色金属科技在国民经济建设和现代化国防建设中发挥着越来越重要的作用。与此同时，有色金属资源短缺与国民经济发展需求之间的矛盾也日益突出，对国外资源的依赖程度逐年增加，严重影响我国国民经济的健康发展。

随着经济的发展，已探明的优质矿产资源接近枯竭，不仅使我国面临有色金属材料总量供应严重短缺的危机，而且因为"难探、难采、难选、难冶"的复杂低品位矿石资源或二次资源逐步成为主体原料后，对传统的地质、采矿、选矿、冶金、材料、加工、环境等科学技术提出了巨大挑战。资源的低质化将会使我国有色金属工业及相关产业面临生存竞争的危机。我国有色金属工业的发展迫切需要适应我国资源特点的新理论、新技术。系统完整、水平领先和相互融合的有色金属科技图书的出版，对于提高我国有色金属工业的自主创新能力，促进高效、低耗、无污染、综合利用有色金属资源的新理论与新技术的应用，确保我国有色金属产业的可持续发展，具有重大的推动作用。

作为国家出版基金资助的国家重大出版项目，"有色金属理论与技术前沿丛书"计划出版100种图书，涵盖材料、冶金、矿业、地学和机电等学科。丛书的作者荟萃了有色金属研究领域的院士、国家重大科研计划项目的首席科学家、长江学者特聘教授、国家杰出青年科学基金获得者、全国优秀博士论文奖获得者、国家重大人才计划入选者、有色金属大型研究院所及骨干企业的顶尖专家。

国家出版基金由国家设立，用于鼓励和支持优秀公益性出版项目，代表我国学术出版的最高水平。"有色金属理论与技术前沿丛书"瞄准有色金属研究发展前沿，把握国内外有色金属学科的最新动态，全面、及时、准确地反映有色金属科学与工程技术方面的新理论、新技术和新应用，发掘与采集极富价值的研究成果，具有很高的学术价值。

中南大学出版社长期倾力服务有色金属的图书出版，在"有色金属理论与技术前沿丛书"的策划与出版过程中做了大量极富成效的工作，大力推动了我国有色金属行业优秀科技著作的出版，对高等院校、研究院所及大中型企业的有色金属学科人才培养具有直接而重大的促进作用。

王淀佐

2010 年 12 月

前言

　　为了解决国内紧缺有色金属资源高效利用的难题，开发适合低品位矿、尾矿等非传统矿物的技术已成为我国有色冶金工业发展的重要方向。因溶剂萃取具有分离效率高、能耗低、投资少、易规模化生产等优点，使其成为处理低品位复杂矿物必不可少的金属分离富集技术。因此，从微观层次认识萃取过程的机理对改进萃取剂配方、设计萃取工艺具有重要意义。

　　目前，虽然复杂溶液结构的研究仍属于世界难题，随着各种先进测试技术的发展和进步，对冶金过程中的复杂溶液进行系统深入的结构研究正处于飞速发展的阶段。本书在系统阐述国内外低品位复杂矿物处理的现状和复杂溶液结构研究方法的基础上，介绍了耦合多维光谱表征手段(同步辐射 X 射线吸收光谱，紫外、红外和核磁等)，实现湿法冶金过程中多元多相复杂溶液结构的表征，并克服了传统光谱难以研究含锌冶金溶液结构的难题，揭示了金属离子萃取过程氨性溶液中的优势组元行为和微观结构分布规律，揭示了有机相中水和氨分子的共萃机制，构建了金属离子的萃取分离行为与两相中各组元间的微观联系，从分子层次阐明了氨性溶液中铜、镍、锌萃取过程的微观机理，为开发低品位氧化矿的清洁高效提取工艺提供了理论基础，促进了现代测试技术在传统冶金学科中的应用。本书可供高等院校化工、环境、冶金等专业师生参考，也可供从事分离过程研究、开发和设计的工程技术人员参考。

　　本书全文由胡久刚撰写，陈启元审阅定稿。本书的主要内容为胡久刚攻读博士学位期间的研究工作和公开发表的研究成果；一般性参考资料主要为近 10 年来国内外关于溶剂萃取和溶液结构研究的相关文献,作者在此向被引用著作和文献资料的作者致以衷心的感谢。本书的研究工作一直得到国家自然科学基金重点项目和国家 973 项目的支持。

本书仅以氨性溶液金属萃取过程的微观机理研究入手,抛砖引玉,旨在进行更广泛深入的交流、探讨和合作,以促进该领域的不断发展。由于作者水平和研究实践的限制,书中不足之处恳请各位同行、专家及读者的赐教和斧正。

作　者
2015 年 9 月

目录 / Contents

第1章 绪 论

1.1 引 言

铜、镍、锌金属是我国国民经济发展的基础原料，是国防建设的关键材料，是新世纪高新技术发展的支撑材料，在国民经济与国防建设中具有极其重要的作用[1]。近年来，我国铜、镍、锌矿产资源开发及其冶金工业的发展已取得了举世瞩目的成就，铜、镍、锌金属消费量连续十年位居世界第一，2010 年消费量分别为 680 万 t、50.5 万 t 和 504 万 t，其中净进口量分别为 646.8 万 t、20 万 t、43.5 万 t，资源自给率仅 17%、16.5% 和 70.6%[2]。虽然我国矿产资源总量丰富，但已探明的矿产资源贫矿多、富矿少，属于矿产资源相对不足的国家。而且，传统矿物资源开采难度日益加大、矿物品位日益降低、资源逐渐枯竭，使我国战略性有色金属资源自给率逐年下降，进口依赖性大幅度增加，供需矛盾日益突出[3,4]。我国目前以及今后较长时间内仍处于工业化快速发展时期，国家对矿产资源的大量需求使我国铜、镍、锌资源供需态势将更加严峻，这必将给国民经济的健康发展带来极大风险。因此，为保障我国经济的可持续发展和国家安全，立足于解决国内紧缺战略有色金属矿产资源高效利用的难题，开发适合低品位贫矿、尾矿和复杂矿等矿物的提取技术和工艺流程已成为我国有色冶金工业发展的重要方向[5~7]。

1.2 铜镍锌资源利用现状和发展趋势

1.2.1 传统矿物资源

在近现代冶金工业中，铜、镍、锌等有色金属的传统冶炼技术主要用于处理高品位硫化矿或氧化矿资源。在铜矿物原料中，主要是斑岩型铜(钼)矿床和铜砂页岩矿床，分别占世界铜储量的 62% 和 23%。尽管我国铜储量居世界第七位，但从总体上讲我国铜资源依然十分贫乏，尤其是缺乏富铜矿。我国的铜矿以硫化矿和混合矿为主，主要特点是中小型矿床多，大型、超大型矿床少，导致开采规模普遍偏小，其中大型铜矿床仅占 2.7%，只有西藏玉龙铜矿和江西德兴铜矿等少数几个为大型铜矿。同时，我国的单一铜矿仅占 27%，共伴生铜矿占 72.9%；铜矿储量的平均品位为 0.87%，在大型矿床中，品位大于 1% 的铜矿储量仅占 13.2%[8, 9]。

目前，世界镍工业的生产原料主要来自较高品位的硫化镍矿资源，约占总产量的 60%。世界陆地查明含镍品位 1% 左右的资源量约为 13000 万 t，其中约 30% 属于岩浆型铜镍硫化物矿床，其余约 70% 属于红土型镍矿，在大洋深海底和海山区的锰结核中还含有大量镍资源[10]。我国镍资源探明储量约 828 万 t，主要是硫化镍矿资源，占全国总储量的 86%，分布在甘肃金川等地；红土型镍矿占总储量的 9.6%，主要分布在云南和四川地区。虽然我国镍资源储量较为丰富，但资源分布不均衡，优质资源少，多为中小型矿山，这制约了我国镍工业的发展，满足不了国民经济快速增长对镍资源的需求[11]。

自然界中锌主要以硫化矿形式存在，氧化锌矿常与硫化锌矿伴生，但也有大型独立的氧化锌矿床，如澳大利亚的 Beltana 矿、巴西的 Vazante 矿、云南兰坪氧化铅锌矿等。世界范围内铅锌资源非常丰富，2004 年世界已查明的锌资源约有 22 亿 t，广泛分布在全球五大洲 50 多个国家。我国主要的锌矿资源都与铅、锡、银和铟等金属伴生，综合利用程度较高，但总体上铅锌品位偏低，不能经济利用的呆矿、贫矿储量占了很大部分。我国铅锌矿平均品位只有 4.66%，中低品位矿床基础储量、储量分别占全国比例的 77.15% 和 77.32%。因此，大力开发中低品位矿床和氧化矿床是我国铅锌冶炼行业的重要方向[12]。

1.2.2　非传统矿物资源

国外许多金属资源丰富的国家已开始进入非传统资源利用阶段，包括各种低品位复杂矿、氧化矿、采选冶过程中产生的尾矿、废渣和废石、海底锰结核资源等的开发[13, 14]。如美国 San Manuel 铜矿公司将过去露天开采废弃的氧化矿及坑内开采剩下的残矿和低品位硫化矿重新利用，其产量甚至超过坑采原生矿铜产量[15]。

我国铜、镍、锌等紧缺战略有色金属资源中很大部分为非传统矿物资源，已探明的矿产资源中难选、难冶的低品位氧化矿和多金属复杂矿占 60% 以上，多具有类质同相、碱性脉石含量高等特点，金属综合利用率低[16]。我国难处理氧化铜矿中的铜金属量达 1000 万 t 以上，主要分布在云南、甘肃、新疆、四川等地，如云南汤丹铜矿是我国典型的高钙镁低品位难处理氧化铜矿，铜保有储量高达 146 万 t，矿相复杂，采用常规选冶技术无法经济处理[8, 17]。由于世界上已探明镍资源中 70% 以上为红土镍矿，随着传统硫化镍矿资源日益枯竭，为保证镍的有效供给，红土镍矿及其低品位硫化镍矿的开发利用是镍冶金工业的必然选择，目前红土镍矿资源的采冶利用比例已占世界镍产量的 40% 以上，且呈不断上升的趋势,世界镍工业的发展重心必将逐渐从硫化镍矿转移到红土镍矿[18, 19],如云南元江红土镍矿与金川低品位镍(铜)矿的开发已成为我国镍冶金工业的重要发展方向[20]。我国难处理锌资源大都为难选难冶氧化矿或混合矿,具有碱性脉石含量高、矿物组成复杂、多金属共生和不易选别等特点。我国氧化锌矿资源占世界总储量的 25%,主要分布在西南和西北地区,如云南兰坪氧化铅锌矿是我国最大及世界第四大铅锌氧化矿床,目前已建成年产 12 万 t 金属锌的常规湿法炼锌厂,能利用含锌 15% 以上的矿石,但资源综合利用率低于 50%[21~23]。因此,随着我国经济的高速发展,有色金属资源需求量越来越大,传统易处理资源急剧减少,实现对贫矿、尾矿、废渣、废石等非传统资源的合理开发和利用,提高资源的综合利用效率,具有广阔的经济前景和社会意义[24]。

1.3 复杂矿物湿法提取技术的发展现状

湿法冶金因具有投资少和生产成本低、矿物利用率高、环境友好、可以处理氧化矿、低品位硫化矿及表外矿、废石、尾矿等优势,已成为非传统矿物资源开发的必然选择。

矿物的湿法提取过程主要分为以下四个工序:①采用合适的溶剂通过氧化还原、水解、配合等化学反应使矿物中的有价元素溶解;②将浸出液与浸出渣固液分离,回收有价金属和循环利用浸出剂;③采用沉淀、萃取、离子交换等方法净化浸出液或富集有价金属;④采用沉淀法、氢气还原和电积法等从净化液中回收金属[25]。常用的湿法冶金流程有:酸浸—净化(萃取)—电积;氨浸—净化(萃取)—电积;生物浸出—净化(萃取)—电积等。

1.3.1 酸法提取技术

酸法提取过程主要以硫酸、盐酸等为浸出剂,用于处理氧化矿或易溶于酸的矿物,具有浸出效率高、浸取剂价格便宜、工艺及操作简单等优点;但处理含碱性脉石矿物时酸耗高,浸出过程选择性差,浸出液中杂质含量高,多适于处理简单氧化型矿物。传统的酸浸主要在常温常压下进行,随着复杂矿物处理需求的日益增加,氧压酸浸、高温酸浸等技术已开始用于工业生产[26]。

铜湿法工艺主要用于处理斑岩型铜矿,因为斑岩型铜矿规模较大,含碱性脉石少,是硫酸浸出最理想的原料。随着湿法冶金技术的发展,一些传统的黄铜矿资源也开始采用高压酸浸等工艺[27]。镍红土矿湿法处理工艺具有金属回收率高、可综合回收镍钴铁等有价金属、能耗低、能够处理低品位矿石等优点。目前,镍湿法提取工艺生产的金属镍几乎占世界镍总产量的 60% 以上。处理含氧化镁低的红土镍矿主要有加压酸浸工艺和常压酸浸工艺[28]。澳大利亚的 Murrin Murrin

和 Bulong 等大型镍公司目前均采用加压酸浸工艺处理红土型镍矿。但常压酸浸工艺具有工艺简单、能耗低、不使用高压釜、投资费用少、操作条件易于控制等优点，是红土镍矿浸出工艺的发展趋势[29, 30]。目前，世界锌总产量中约 80% 由湿法冶金生产，主要处理硫化锌矿。传统湿法炼锌工艺由焙烧和酸浸工序组成，环境污染大。氧压酸浸工艺可以实现全湿法炼锌，硫化锌精矿在充氧高温高压反应釜内与酸反应，使硫化物直接转化为硫酸盐或元素硫，对环境污染小，锌回收率高，矿物原料的适应性强，能处理各种复杂锌矿。这是传统的"焙烧—酸浸—电积"工艺无法比拟的[31]，但氧压酸浸对反应器的要求较高，目前还无法广泛应用。马荣骏等采用溶剂萃取技术进一步改进了全湿法炼锌流程[32]。目前，湿法炼锌的原料已拓展至低品位氧化矿、含杂质高的复杂矿物以及各种再生资源。

1.3.2 氨法提取技术

氨法提取过程采用氨水或铵盐作浸出剂，使矿石中的有价金属离子以配合物的形式进入溶液，达到与杂质分离的目的。氨浸法在钴、镍、铜、锌湿法冶金中有着广泛的应用，尤其适用于高碱性脉石型低品位矿物的处理[33]。由于硫在碱性条件下易氧化为高氧化态产物，当加入氧气等氧化剂时，硫化矿可在氨性体系中浸出，但通常需要在加压加温条件下进行。

氧化铜矿氨浸研究开展得较早，1915 年就出现了氨浸法提铜的专利[34]。美国 Ana - conda 铜公司采用 Arbiter 法氨浸处理辉铜矿和斑铜矿等，采用"萃取—电积"工艺回收铜。澳大利亚 BHP 矿业公司开发的 Escondida 法是处理辉铜矿的氨浸新方法，它根据铜矿物中亚铜的不稳定性，用氨性溶液溶解铜精矿中的一价铜，被浸出的铜用"萃取—电积"工艺回收，浸出渣中的铜蓝通过浮选回收，1994 年在智利建成了年产 8 万 t 阴极铜的工厂[23]。我国在 20 世纪 60 年代开始研究铜矿的氨浸工艺，主要集中在尾矿加压氨浸和原矿加压氨浸流程的开发；90 年代北京矿冶研究总院对汤丹难处理氧化铜矿提出了原矿"加压氨浸—萃取—电积"新工艺，于 1997 年 10 月建成一座年产 500 t 的铜试验工厂，此工艺为处理高碱性脉石氧化铜矿开辟了一条新的途径[35]。

由于含氧化镁高的红土镍矿酸浸时需消耗大量的酸，在经济上不可行，多采用氨浸提取。氨浸法是最早用于处理红土镍矿的湿法处理工艺，即 1915 年由 Caron 教授发明的 Caron 工艺。50 年代古巴 Nicaro 冶炼厂和 70 年代澳洲 QNI 公司的 Yabula 镍厂相继建成氨浸法生产线，全流程镍的回收率达 75% ~80%，钴回收率 40% ~50%，但 Caron 工艺只适合处理红土镍矿床上层的红土矿，极大地限制了氨浸法的应用[20]。1996 年美国 Cognis 公司在 ALTA 国际镍会议上提出了采用"高压酸浸—混合氢氧化沉淀—氨浸—LIX84 - INS 萃取"技术从红土镍矿中回收镍、钴的工艺，并用于澳大利亚 Centaur 公司处理红土镍矿的 Cawse 工艺，随后必和必拓公司在年产 3 万 t 镍的 Ravensthorpe 项目中采用了该流程[36]。

近年来，国内外研究者对氨性溶液处理低品位氧化锌矿及复杂氧化锌烟灰方面进行了大量研究，但氨法炼锌还处于发展阶段[37]。西班牙和葡萄牙共同开发的"CENIM—LNETI"工艺，可用于处理含 Cu、Pb、Zn、Ag 等复杂硫化矿，该工艺以浓氯化铵作浸出剂，能够有效地提取有价元素，但分离过程复杂，未实现工业化生产。王成彦等采用"氨浸—电积"工艺处理云南兰坪高碱性脉石型中低品位氧化锌矿，锌浸出率大于 80%，该工艺具有流程简短、溶液可以闭路循环使用等优点[38]。杨声海等采用"氨浸—电积"工艺直接制取高纯阴极锌，可用于处理中低品位氧化锌矿及锌二次资源，处理氧化锌烟灰时锌浸出率大于 96%，处理含铁低的锌焙砂时锌浸出率大于 91%[39]。陈启元等采用"氨浸—萃取—电积"工艺处理云南兰坪低品位氧化锌矿，两段逆流浸出锌的回收率达 91%[40]。

1.3.3　微生物提取技术

微生物提取技术是利用微生物自身的氧化特性，或依靠细菌的代谢产物(无机酸、有机酸或三价铁离子)与矿物发生反应，使有用组分进入溶液。微生物浸出工艺具有污染小、工作条件温和、流程短、成本低、投资少等特点，特别适用于传统技术难处理的贫矿、废矿、表外矿及难采、难选、难冶矿的浸出[41]。

微生物提取技术工业化始于 20 世纪 60 年代，近年来已广泛应用于低品位铜、铀、金矿的浸出。目前，辉铜矿的生物浸出已实现工业化应用，国外具有代表性的工艺有 BioCOP、Baeteeh 和 Minte 等[42]。我国德兴铜矿采用"细菌堆浸—萃取—电积"工艺从贫硫化铜矿和含铜废石中回收铜，已于 1997 年建成了年产 2000 t 阴极铜的试验工厂[43]。随着技术的发展，微生物提取技术已开始用于锌、镍和钴等多种金属硫化矿的浸出。可采用细菌浸出的镍矿有镍黄铁矿、含镍磁黄铁矿及紫硫镍铁矿[44]。1999 年，澳大利亚镍业公司进行了生物浸出镍硫精矿试验，镍钴浸出率分别为 93.7%、98%，经除铁、萃取、电积工序得到了高质量的镍板，为有色金属精矿的微生物浸出掀开了新的一页。金川公司自 2000 年以来开始用嗜酸氧化亚铁杆菌浸出低品位硫化镍矿研究，并于 2002 年进行了 5000 t 矿堆的半工业试验[45]。低品位硫化锌矿的微生物浸出工艺还处于研究阶段，其中高铁硫化锌精矿的生物浸出工艺是目前的研究热点[46,47]。一些异养型细菌能够溶解脉石中的碳酸盐和硅酸盐等，可用来浸出氧化矿物，英国 ZINCOX 公司试图用细菌冶金方法处理云南兰坪低品位混合铅锌矿，但中试以失败告终。

尽管微生物提取技术还存在反应速度慢、生产效率低、细菌对环境的适应性较差等缺点，但该技术能处理传统选冶技术不能经济回收的低品位、复杂、难处理的矿物资源，扩大了我国可开发利用的资源量，提高了现代化建设紧缺金属资源的保障程度[48,49]，具有广阔的应用前景。

1.3.4 溶液分离富集技术

对于高品位矿物的浸出液,需要采用合适的净化方法除去溶液中的杂质元素,以利于后续工业生产。对于低品位矿物的浸出液,由于金属离子浓度通常较低,无法达到后续工序的要求,且大量杂质元素的存在使电积工序无法操作,要实现从复杂矿物生产出高质量的产品,首要的问题是将浸出液中的有价金属与杂质元素分离,并将低浓度的金属离子溶液富集到后续工序要求的浓度。在湿法冶金过程中,主要有以下几种方法可实现上述目的。

(1)化学沉淀法

化学沉淀法是从溶液中析出难溶固相进行分离的过程,广泛应用于湿法冶金及废水处理等领域。该法主要有:①水解沉淀法,根据不同金属氢氧化物在水中具有不同的溶解度,通过控制 pH 或氧化还原电位使溶液中的金属离子发生水解反应而析出氧化物、氢氧化物等沉淀。如通过氧化水解分离镍和钴;采用针铁矿法除去硫酸锌溶液中的杂质铁。②难溶盐沉淀法,加入某些沉淀剂与金属离子生成难溶化合物析出,在湿法冶金中常用的沉淀剂有硫化物、碳酸盐、磷酸盐等。如用硫化沉淀法从镍浸出液中脱铜、从红土镍矿加压酸浸液中硫化沉淀回收镍钴混合精矿等[50]。③氧化还原法,用还原性气体(如 CO、H_2 等)直接从溶液中还原金属离子生产金属粉末,或利用电负性金属从溶液中置换电正性离子实现分离。如锌矿浸出液的净化普遍采用加锌粉置换除去铜、镍、钴等杂质,目前金属镍粉主要是采用氢气直接从溶液中还原制得[51]。

(2)离子交换法

离子交换法是利用离子交换树脂的官能团与溶液中同性离子进行可逆交换使金属分离,是湿法冶金中重要的分离富集方法。离子交换法经常用来处理浓度小于 10^{-6} mol/L 的稀溶液,具有回收率高、试剂损耗少、设备简单、流程短等优点,广泛用于稀溶液的富集和回收、相似元素分离及废水处理等[52]。20 世纪 50 年代秘鲁首先把离子交换技术用于湿法炼铜。近年来,离子交换法在有色金属冶金过程中起着越来越重要的作用。在镍钴湿法冶金中,杂质铅和锌主要用离子交换法来净化;也有用离子交换法从钴液中除铜、镍的相关研究[53]。加拿大 INCO 公司、赞比亚 ZCCM 公司已经设计了 DowexM 4195 树脂固定床来分离镍。但离子交换法也存在一些缺点,如缺乏选择性好、性能优良的离子交换树脂,树脂的交换容量有限、再生烦琐、成本较高、且使用过程中具有易溶胀等缺点。

(3)膜分离法

膜分离法是利用膜对混合物中各组分的选择渗透性能的差异来实现分离富集,具有操作简便、分离效率高、能耗低、无污染等优点,广泛用于冶金污水、废气、废液的净化处理。用膜分离法从浸出液和废液中回收金属时,试剂用量比普通萃取法少两个数量级以上,可大大节约成本[54]。在膜分离体系中,萃取与反萃取过程在膜相的两侧同时进行,它的突出特点是传质速率快,大大缩短了工艺流程;但需要制乳与破乳等工序,工艺过程较复杂,膜的稳定性也不理想;近年来开发的支撑液膜、包裹液膜和大块液膜萃取等可有效避免上述问题。液膜分离是提取镍、钴的方法之一,常采用聚丙烯中空纤维管作支撑体,P204、P507 等作载体,磺化煤油作稀释剂。R. A. Kumbasar 等以 5, 7 - 二溴 - 8 - 羟基喹啉为萃取剂,采用微乳液膜技术从氨性溶液中分离镍钴,镍萃取率达 99%[55-57]。液膜分离技术的应用潜力很大,但由于目前对液膜分离机理的认识尚不充分,还存在液膜稳定性、乳状液膜溶胀、破乳等问题,目前在工业应用上还不太成熟。

(4)溶剂萃取法

溶剂萃取法由于具有流程简单、相间传质快、分离效率高、投资少、能耗低、适应性强等特点,已成为核原料、稀土及各种有色金属湿法提取过程中最重要的分离技术[58]。1968 年美国亚利桑那 Ranchers Bluebird 公司建成了世界上第一个工业规模的铜"浸出—萃取—电积"工厂,1973 年赞比亚铜矿带的 Nchanga 厂建立,标志着大规模溶剂萃取应用的开始。

近年来,针对各种金属离子的新型萃取剂的开发成功,为萃取技术在有色金属湿法冶金中的广泛应用奠定了坚实的基础,镍、铜湿法冶金中萃取技术的成功应用极大地促进了萃取技术在有色金属湿法冶金中的发展。目前,溶剂萃取技术已成为铜生产流程的重要部分,全世界每年约25%以上的铜是由萃取—电积工艺生产,在产铜大国智利,这一比例甚至高达80%[59]。我国德兴铜矿已成功将萃取工艺用于浮选尾矿、坑内残矿、含铜废石以及矿山废水的处理[60]。分离镍和钴是溶剂萃取在湿法冶金中另一个典型的应用,现在世界上大部分钴采用溶剂萃取生产[61]。在湿法炼锌工艺中,应用溶剂萃取替代锌粉置换,不仅可从浸出液中直接回收有价金属、节约投资和成本,而且可实现无渣工艺,减少渣对环境的污染[32, 62]。但目前溶剂萃取大多以除去锌杂质为目的,全世界仅几家工厂采用萃取法直接提锌。2003 年,英美公司 (Anglo American)在纳米比亚的 Skorpion 锌冶炼厂用溶剂萃取技术生产出纯度超过了99.995%的特高级金属锌,成为世界上第一家使用萃取—电积工艺直接从氧化锌矿石中提取金属锌的冶炼厂,该项目的投产标志着锌溶剂萃取技术工业规模应用的开始,受到锌工业界的广泛关注。近年来,我国云南祥云飞龙公司经过多年的试验探索,开发了从低品位氧化锌矿、炼锌渣等原料中直接提取金属锌的溶剂萃取和传统湿法炼锌工艺联合的新技术[63]。

1.4 氨性溶液铜镍锌萃取研究现状

氨 - 铵盐体系是湿法冶金中重要的浸出体系,广泛适用于高碱性脉石型矿物的金属提取。为满足后续电积等工艺的要求，需要采用经济有效的方法进行分离富集有价金属。溶剂萃取是最适合大规模工业生产的分离方法。因此，开发适合氨性溶液中金属离子的萃取体系，对氨法提取技术的广泛应用具有重要意义[64]。

1.4.1　铜的萃取

近40年来，用溶剂萃取从铜氨浸出液中分离富集铜离子的研究非常多，并已成功用于处理铜的低品位矿、氧化矿和尾矿，这主要得益于大量铜高效萃取剂的开发[59]。目前氨性溶液铜萃取研究的萃取剂主要分为以下几类：

（1）酮肟类：这是应用最广泛的商用萃取剂，如 LIX63、LIX64、LIX65N、SME529、LIX84、LIX84I 等；其物理性能好、化学稳定性高、分相好、夹带损失低、容易反萃；但萃取能力不如醛肟强、饱和容量低、萃取动力学较慢，特别是在温度较低时更慢。LIX84 和 LIX84I 是目前氨性溶液铜萃取研究和应用最普遍的萃取剂，其主要活性成分是 2 - 羟基 - 5 - 壬基乙酰苯酮肟，如 C. Parija 等已采用 LIX84 从氨性溶液中萃取分离铜、镍[65]。

（2）醛肟类：如 LIX860、LIX860N、P50 等；这类萃取剂的传质动力学快、萃取能力强，但反萃困难、化学稳定性比酮肟类差，通常要结合改性剂使用。所用改性剂一般为十二醇、十三醇、壬基酚和酯类，如 LIX622、M5640、PT5050。改性剂中的 OH 或 C＝O 基团通过氢键削弱羟肟与铜离子的螯合能力，有利于分相和反萃；但改性剂易与浸出液中的固体结合形成污物，从而使羟肟的稳定性降低而相夹带水平提高。

（3）混合萃取剂：如 LIX64N（LIX65N + LIX63）[66, 67]、LIX864（LIX64N + LIX860）、LIX973（LIX84 + LIX860）[68, 69]、LIX984（LIX860 + LIX84）、LIX984N（LIX860N + LIX84）[70]，这些萃取剂不含非羟肟的改性剂，兼有酮肟的萃取性能和醛肟的反萃性能，二者具有协同萃取作用，广泛用于氨性溶液铜的萃取研究。另外，也有用肟类萃取剂与其他萃取剂混合的萃取体系，如 LIX84 + LIX54；G. Kyuchoukov等采用该混合萃取剂从氨性溶液中萃取铜，LIX54 作为添加剂与LIX84 形成缔合物，显著提高了 LIX84 的反萃性能[71]。

（4）8 - 羟基喹啉及其衍生物：如 Kelex100、LIX26、LIX34 等；这类萃取剂具有优异的萃取能力和选择性，动力学性能比酮肟萃取剂好，但反萃时易萃取酸，且价格昂贵，因此未能得到大规模的开发和应用。

（5）β - 二酮类：如 Hostarex DK - 16、LIX54、XI - 51 等；这类萃取剂具有强的萃铜能力，与肟类萃取剂相比具有不萃氨的优点，因而受到很多研究者的关注。许多研究者对 β - 二酮在氨性溶液中萃取铜的热力学平衡和机理进行了大量研究[72, 73]。如 F. J. Alguacil[74] 和 M. Gameiro[75] 等以 LIX54 为萃取剂，对氨性溶液中铜的分离回收进行了详细研究，结果表明 LIX54 具有萃取性能好、负载容量大、黏度小、分相速度快等优点，适合在氨浓度高及铜含量高的氨性溶液中应用。目前，LIX54 已在电子工业中用于从印刷电路板刻蚀液中回收铜[76]。Hostarex DK−16 是德国 Hostarex 公司生产的一种 β−二酮萃取剂[77]，可以从氨性溶液中萃取铜、钴、镍和锌，其萃取能力 Cu > Co > Ni > Zn[78]。Fu 等合成了三种不同空间位阻的 β−二酮萃取剂，研究了空间位阻对萃取剂从氨−氯化铵溶液中萃取铜的能力和对铜/镍、铜/锌分离能力的影响规律，发现铜的萃取率和氨的共萃量均随位阻的增大而降低，但其分离能力增强[79]。陈永强等用 LIX984N 和 LIX54−100 从氨性溶液中选择性地分离铜、钴，LIX984N 作萃取剂的一级铜萃取率大于99%，采用 LIX54−100 作萃取剂，经过四级逆流萃取铜的萃取率达到99.53%[80]。

我国对氨性溶液铜萃取剂的研发做了大量工作。如北京矿冶研究总院在"九五"期间开发了 BK992 铜萃取剂，随后发展为 LK−C2，其结构和性质与 LIX984 相似，且二者混合使用不影响其性能，LK−C2 比 LIX984 更便宜，目前已达工业化生产规模，并应用于国内氧化铜矿和低品位硫化铜矿的湿法冶炼中。

1.4.2 镍的萃取

由于氨性溶液浸出在红土镍矿处理中的应用前景较好，20 世纪 60 年代许多研究者就开始了氨性溶液中镍的萃取研究，但目前并没有针对氨性溶液镍萃取的专门的萃取剂，因为适合铜萃取的大多数螯合萃取剂均可用于氨性溶液镍的萃取，如 LIX64N[66, 67]、SME−529[81]、LIX84[65]、LIX84I[82]、LIX 87QN[83]、LIX 973N[84]、LIX 984N[70]、ACORGA M5640[85, 86] 和 LIX54[87] 等，因而也导致了铜、镍离子通常会共萃进入有机相；但由于镍与铜具有反萃热力学和动力学性质的差异，可通过控制反萃酸的浓度或反萃时间来实现铜镍的分离[67]。F. J. Alguacil 用 LIX973N 从氨−碳酸铵溶液中共萃铜、镍，萃取率均可接近100%，负载有机相用 10 g/L 和 180 g/L 硫酸溶液依次选择性反萃分离回收镍和铜，回收率分别达99% 和97%[84]。C. Parija 等用 LIX84 从氨−硫酸铵溶液中共萃铜、镍，在两段逆流条件下，铜、镍离子可定量萃取；用 pH = 1.7 的废电解液四段逆流反萃镍，回收率达99.6%；用 180 g/L 硫酸废电解液三段逆流反萃回收铜[65]。F. J. Alguacil 等用 LIX54 从氨性介质中回收镍，发现镍萃取对水相 pH 和总氨浓度非常敏感，在 pH > 9 时镍萃取率急剧下降[87]。

除各种螯合萃取剂外，各种酸性萃取剂也被用于铵盐溶液中镍、钴的萃取，如 Cyanex 272[88]，PC−88A[89] 和 Versatic 911[90] 等；但酸性萃取剂在氨性溶液中会与氨中和而导致乳化，通常先与氢氧化钠溶液或氨水反应制得酸性萃取剂的钠盐或铵盐，在近中性或弱酸性环境下进行萃取。如 P. K. Parhi 用氨−硫酸铵溶液浸取锰结核得到复杂多金属氨溶液，氧化沉淀除去 Fe、Mn 后，分别用 LIX84I 和

D2EHPA 萃取铜、锌离子，然后以 Cyanex 272 钠盐为萃取剂，通过控制萃取剂浓度和溶液 pH 萃取分离镍钴，Co/Ni 分离因子达 1108.65，然后用 NaCyanex 272 在 pH=7.3 萃取镍，其萃取率达 99.76%[88]。

在工业应用方面，1975 年 Nippon 矿业公司用 LIX®64N 从氨性溶液中萃取镍，由于运行期间出现萃取剂被 Co(III)氧化的问题，导致工厂运行中断；对萃取剂的再生进行大量研究后，发现羟胺盐在强碱性溶液中重新肟化可再生变质萃取剂，使工厂得以继续运行；20 世纪 80 年代初，澳大利亚 QNI 的 Yabulu 工厂采用 LIX®87QN 从氨 - 碳铵浸出液中回收镍，富镍溶液以氧化镍或碳酸镍的形式回收，在其后的 Cawse 项目中也采用了类似的萃取流程[91]。1996 年 Cognis 公司提出了采用 LIX®84 - INS 作为红土镍矿"高压酸浸—氢氧化物沉淀—氨浸—萃取"工艺流程中镍的萃取剂，并对萃取过程中的各种问题进行了详细研究[36]。

1.4.3　锌的萃取

目前，关于氨性溶液中锌的萃取研究相对较少。由于 LIX84 等羟肟类萃取剂萃锌效果较差，常采用 β - 二酮类、8 - 羟基喹啉类螯合萃取剂及其衍生物从氨性溶液中回收锌，目前已用于氨性溶液锌萃取研究的萃取剂有 LIX34[92]、Hostarex DK - 16[78, 93] 和 LIX54[94] 等。

Y. C. Hoh 等采用 LIX34 从氨性溶液中萃取 Zn(II)，萃取剂活性组分是 8 - 烷基磺胺喹啉，在 pH=7.8 时锌萃取率达 95% 以上，并发现 LIX34 与 TBP 和 MIBK 混合使用具有明显的协同效应，但 LIX34 制备成本太高，无法得到广泛应用[92]。磷酸类萃取剂在酸性溶液中具有强的萃锌能力，王延忠等人研究了 P204 和 P507 从氨 - 硫酸铵溶液中萃取锌，发现可高效萃取氨性溶液中的锌[95]，但在氨性溶液中酸性萃取剂存在强烈萃氨及容易乳化等问题，因此不适合于氨性溶液中锌离子的萃取，但目前还没有用酸性萃取剂的铵盐或钠盐从氨性溶液中萃锌的报道。因此，β - 二酮最适合氨性溶液中锌的萃取，目前研究较多的有 LIX54 和 Hostarex DK - 16 萃取剂。K. S. Rao 等采用 Hostarex DK - 16 从氨性溶液中萃取锌，在 pH=7.5 时锌萃取率达 80%。F. J. Alguacil 等[94] 比较了 LIX54、LIX34 和 Hostarex DK - 16 在硫酸铵溶液中的萃锌性能，萃取率 LIX34 > LIX54 > DK - 16，但萃取容量 LIX54 > DK - 16 > LIX34。朱云等在接近工业生产条件下用 LIX54 从氨 - 硫酸铵溶液中萃取锌，锌一级萃取率达 78%[95, 96]。然而，现有的 β - 二酮萃取剂对锌的萃取能力普遍不高，尤其在高氨浓度和高 pH 条件下锌的萃取率显著降低，这对实际应用十分不利。一些研究表明，协同萃取可实现锌的高效萃取分离。2009 年张文彬等人发明了一种用醛肟类萃取剂从氧化锌矿氨浸液中萃取锌的方法，即用 2 - 羟基 - 5 - 壬基苯甲醛肟作萃取剂、磺化煤油或航空煤油为溶剂，采用异戊醇或混合醇作为改性剂，强化氨性溶液中锌的萃取并保持萃取体系的稳定，用硫酸反萃使氨浸液中的锌分离富集成硫酸锌用于电解。萃取过程效率高，有机相与水相分相快，相界面清晰，不产生乳化现象，有机相可循环使用[97]。付翁等合成了几种高位阻 β - 二酮，并以 TOPO 为协萃剂，实现了锌离子的高效萃取[98]，并用于"氨浸—萃取—电积"工艺处理云南兰坪低品位高碱性脉石型氧化锌矿的流程中[40]。另外，何静等合成了一种新型萃取剂 2 - 乙酰基 - 3 - 氧代 - 二硫代丁酸 - 十四烷基酯，用于从氨 - 硫酸铵溶液中萃取锌离子，锌的萃取率可达 97.59%[99]。

1.5 氨性溶液萃取过程中需注意的问题

1.5.1 氨和水的共萃

金属离子在水溶液中主要以水合离子 $M(H_2O)_m^{n+}$ 形式存在，萃取过程实际上是萃取剂分子逐渐取代水合离子中水分子的过程，如果螯合物的配位数没有达到饱和，则存在水分子取代不完全或水相中的水分子参与配位，形成水合萃合物，从而影响金属离子的分配行为[100]。萃合物的水合现象广泛存在于各种金属离子的萃取过程中，例如，Y. Hasegawa 等用 β - 二酮与 Lewis 碱协同萃取镧系金属离子时，发现协同效应随原子序数的增加逐渐减小，通过对有机相中水合萃合物的水合数进行详细的研究，发现 Lewis 碱配体从萃取物中取代的水分子数是决定镧系金属离子协同效应的重要因素[101-104]。H. Imura 等研究了乙酰丙酮萃取铜离子时有机相中水含量对萃取过程的影响，发现水分子可直接与中心金属离子配位及通过氢键与螯合配体作用，使铜螯合物的分配系数降低[105]。

在氨性溶液金属离子萃取过程中，氨分子比水的配位能力更强。因此，除水分子外，氨分子也可能与萃合物配位或直接与萃取剂作用而进入有机相。许多文献报道了螯合萃取剂在氨性溶液铜、镍萃取过程中氨的共萃现象[65,106,107]。D. S. Flett 等曾详细研究了不同螯合萃取剂在氨性溶液萃取金属离子过程中氨的萃取行为，发现羟肟萃取剂在没有金属离子时以 $RH \cdot NH_3$ 形式萃氨，有机相中氨浓度随铜或镍离子负载量增大而降低；同时，由于羟肟类萃取剂中通常含有壬基酚等极性化合物，其氨共萃量明显受壬基酚含量和羟肟的聚合程度的影响。然而，β - 二酮或 8 - 羟基喹啉类萃取剂在没有金属离子时基本上不共萃氨，但有机相中氨浓度随铜离子负载量增大而少量增加，随镍离子负载量增大而显著增加。总的来说，β - 二酮类萃取剂的氨共萃量明显低于羟肟类萃取剂[106,107]。由于目前的"反萃—电积"工序均在硫酸环境下进行，一旦用贫电解液反萃含有共萃氨的有机相，硫酸铵将在电解液中积累，到一定程度后会在电解槽或输液管道内结晶析出，严重影响电积过程的进行[64]。目前，虽然工业上普遍采用在萃取与反萃间增加洗涤步骤，用中性或弱酸性溶液洗涤有机相可有效解决这一问题[108]，但氨溶液中不同金属离子萃取时氨的共萃本质目前仍不清楚。

1.5.2 萃取剂流失与变质

尽管一些研究者采用酸性萃取剂从氨性溶液中萃取金属离子，如 Versatic10 和 D2EHPA 的钠盐或铵盐，但酸性萃取剂在氨性溶液中溶解度大大增加，且易产生乳化现象，严重影响分相过程；对螯合萃取剂而言，由于酸性较小，其在氨性溶液中的溶解损失大大降低，更适合在氨性溶液中广泛应用。目前关于螯合萃取剂在氨性溶液中的溶解度数据报道不多，尤其在高氨浓度和高 pH 条件下的溶解损失还需进一步研究。

萃取剂变质会严重影响萃取过程的进行，如导致萃取容量降低、反萃困难、易乳化等问题。光辐照、氧化剂、温度、溶液组成等因素均可引起萃取剂的变质。在氨性溶液萃取过程中，弱酸性螯合萃取剂也可能与氨发生反应而变质。文献表明，羟肟萃取剂在氧化剂存在下，容易与氨发生反应，如 LIX®64N 中的肟基（C=NOH）容易被 Co(Ⅲ) 催化氧化成酮基（C=O）而失去萃取活性，但变质的酮基可在强碱性溶液中与羟胺盐反应重新生成肟基，使镍萃取在商业上获得成功应用[91]。刘晓荣等研究了 LIX984N 在酸性环境下的稳定性，发现萃取剂可发生贝克曼重排、氧化、水解、磺化等反应，产生含羰基、羧基、羟基及酰胺等基团的极性两亲分子，使改质剂壬基酚和萃取剂活性成分在长期循环过程中降解，大量杂质和降解产物在循环有机相中累积会造成萃取体系的负载能力下降、萃取动力学变差、恶化分相性能等问题[109]。同时，LIX54 萃取剂在 45℃ 及高氨浓度下羰基易与氨反应生成酮亚胺，导致两相夹带严重，且使反萃变得更困难，一些湿法炼铜公司就因这一问题而停产。G. A. Kordosky 等提出增大 β - 二酮 α 位的空间位阻可有效抑制萃取剂的变质[110]。

1.5.3 氨性溶液萃取过程的复杂性

影响萃取过程的因素多种多样，如萃取剂结构、稀释剂、添加剂、水相金属离子的物种及其结构、盐析作用、温度等。对于氨性溶液中萃取过程，由于氨性水溶液中存在多种金属氨配位物种，且有机相中水和氨分子可能与金属萃合物配位[101, 107]，导致萃取反应过程中存在多种配位平衡，使其萃取机理变得十分复杂[72, 86, 87, 92, 94]。目前普遍认为，在氨性溶液中只有自由金属离子才可被萃取，而金属氨配位离子都是不可被萃取的物种[93, 94]。实际上，选择合适的萃取体系，即使在高 pH 或高氨浓度条件下，铜、镍、锌金属离子同样可被高效萃取，但关于各金属氨配位物种影响萃取行为的本质原因仍不清楚，也没有相关研究报道，而关于水分子和氨分子在有机相中的分配规律和存在形式的研究非常有限。由于缺乏萃取平衡时溶液中的物种及其结构信息，采用传统的斜率法等研究方法难以直接分析氨性溶液中金属离子的萃取机理。因此，采用溶液结构研究方法分析萃取过程中的物种及其结构变化，对清楚掌握氨性溶液中金属离子的萃取机理具有十分重要的意义，有助于改进萃取剂配方和设计萃取工艺流程。

1.6 溶液结构研究方法在萃取化学中的应用现状

传统研究配位结构的方法是获取配合物单晶，通过 X 射线衍射测定结构参数。对于萃取体系而言，配合物单晶通常很难获取，其结构参数也很难反映实际溶液体系中的结构。因此，采用溶液结构研究方法直接分析萃取两相的物种和结构对解释萃取机理十分关键。常用的溶液结构研究方法有电子光谱法、分子振动光谱法、核磁共振法、X 射线吸收光谱法及量子化学计算方法等[111~113]。

1.6.1 电子光谱法

电子光谱反映的是电子的能级跃迁。过渡金属配合物的电子光谱主要有以下三种：①中心金属离子 d 轨道能级间的跃迁光谱，由于 d－d 跃迁受光谱对称性选律限制，其跃迁能量较小，吸收强度较弱，通常以吸收带的形式出现在可见光区；②配体与金属离子间的电荷迁移光谱，其吸收强度大，跃迁能量高，常出现在紫外区；③配体内部的电子转移光谱，包括 n→σ*、n→π* 和 π→π* 三种类型，其吸收强度大，常出现在紫外区，与金属离子形成配合物后，这些谱带仍保留在配合物光谱中，但吸收波长强度和位置通常会发生移动。因此，电子光谱可广泛用于研究配体和过渡金属配合物的电子结构和性质。如 M. Zapater 采用电子光谱法研究了 LIX54 萃取剂在不同溶剂中酮式与烯醇式结构的互变异构行为，并分析了水相 pH 对萃取剂结构的影响[114]。F. Cotton 采用电子吸收光谱对 β－二酮的铜、镍配合物结构进行了表征，对相应吸收峰的归属进行了详细讨论[115]。

值得注意的是，Cu(Ⅰ)、Zn(Ⅱ)、Cd(Ⅱ) 等 d 轨道全允满的金属离子，由于电子不能跃迁，电子光谱无法用于这些金属离子的研究；但由于与金属离子作用的配体大多有紫外吸收，可从配体的电子光谱变化推测金属配合物的结构。

1.6.2 分子振动光谱法

分子振动光谱包括红外光谱(IR)和 Raman 光谱，主要用于测定分子振动能级变化，是研究配体和配合物结构最常用的方法之一，可用于研究各种条件下气体、液体和固体样品的结构。

配体的振动光谱在形成配合物后会发生比较明显的变化：①配体的对称性在配位后经常有所降低，使某些简并模式解除，并使某些非活性模式变成活性，造成谱带数增加；②由于配位原子参与配位，含配位原子的化学键电子密度发生变化，从而改变键的力常数，导致化学键的伸缩振动频率发生变化，或由于配体造成某些变形振动受阻引起基团频率的改变；③配位键的伸缩及弯曲振动模式一般出现在低频区域，这主要是因为金属的质量大以及配位键比较弱。研究这些配位键的伸缩和弯曲振动模式对阐述配合物的结构及配位键的性质具有重要意义，但这些键的频率不仅显著地受到金属和配体的影响，而且常与金属螯合物中的低频振动模式耦合，因而指认这些振动峰十分困难。通过比较自由配位体与配合物的振动光谱的差异、配体或金属同位素取代等方式，可以直接获得关于配位原子的空间分布、配位键的性质和配合物结构方面的信息。A. Buketova 等采用 IR 光谱研究了 LIX984N 萃取剂和铜萃合物的结构，结果表明铜配合物为通过螯合作用形成的非平面四配位构型[116]。K. Staszak 等研究了螯合萃取剂(2 - 羟基 - 5 - 壬基苯乙酮肟和 1 - 苯基 - 1，3 - 癸酮)、溶剂化试剂(TOPO 和 TBP)、酸性萃取剂(D2EHPA)和改性剂(癸醇)的 IR 光谱，通过比较五种等摩尔比的混合体系的红外光谱，发现酮肟与 β - 二酮和癸醇间均具有氢键作用，D2EHPA/TOPO 体系具有明显的缔合作用，而 TOPO/TBP 和 TOPO/β - 二酮体系组元间没有相互作用[117]。由于 Raman 光谱对水分子的响应较小，是研究水溶液结构的有效方法。W. Rudolph 等研究了 $Zn(ClO_4)_2$、$ZnSO_4$、$(NH_4)_2SO_4$ 等水溶液的 Raman 光谱，对不同浓度下的溶液物种、水合状态和离子间的缔合作用等进行了深入研究[118~124]。

1.6.3 核磁共振谱法

核磁共振技术是测定分子结构、研究构象以及获得分子动力学等物理化学信息的主要手段之一。过渡金属配合物的电子构型或磁性对它的 NMR 谱有较大影响，反磁性配合物无成对电子，其 NMR 不受中心金属离子磁性的影响，可根据有机配体的波谱特点进行解析；顺磁性配合物受中心金属离子的未成对电子的影响，可观察到接触位移或超精细相互作用等特征性现象，通过解析 NMR 信号的化学位移、强度及分裂形式可以确定核自旋所对应的种类和数目，由此得到配合物的结构、成键性质及配体交换动力学等信息。常用的核磁共振谱有^1H、^{13}C、^{15}N、^{17}O 和 ^{31}P 谱等。例如，Xue 等对 $Fe(acac)_2$ 在各种配位溶剂和非配位溶剂中的 ^1H NMR 谱进行了详细研究，分析了其在氘代苯溶液中与三乙胺、吡啶和 2 - 甲基苯基膦等配体间的相互作用，发现该配合物在有氧条件下容易转变成 $Fe(acac)_3$，且 $Fe(acac)_2$ 的 ^1H NMR 谱明显受溶剂的影响[125]。I. Grenthe 等通过 ^1H NMR 和 ^{31}P NMR 谱研究了 $Y/Eu(TTA)_3(OH_2)_2$ 与 $Y/Eu(TTA)_3(OH_2)_2$ - TBP 体系中配体交换反应的机理、速率常数和活化能等参数[126]。

1.6.4 X 射线吸收光谱

虽然溶液 X 射线衍射和广角 X 射线散射广泛用于溶液结构研究，但仅适用于高浓度溶液，且采集的信号对溶液各组分均有响应，导致目标物结构解析十分困难[127]。然而，X 射线吸收光谱（XAS）可很好地解决这一问题。当物质吸收高能 X 射线并达到激发原子中某一壳层电子所需的能量时，吸收系数明显增大（称为吸收边），中心原子吸收能量后，内层电子由基态激发出来向外发射光电子波，此波在向外传播过程中受到近邻壳层原子的作用被散射，散射波与出射波的相互干涉改变了吸收原子的电子终态，从而产生 X 射线吸收光谱，包括 X 射线吸收近边结构（XANES）和扩展 X 射线吸收精细结构（EXAFS）光谱[128, 129]。XAS 具有以下优点：对短程有序结构敏感，可用于碳以后的所有元素的研究，光谱具有元素特征性，适用于各种浓度的研究（ppm ~ 100%），所需样品量少，可用于溶液和无定形样品等短程有序体系的结构研究[130-132]，可获得样品中吸收原子的局域环境、相邻配位原子的种类、数量和平均键长等结构信息。

目前，许多研究者用 XAS 研究萃取过程两相溶液中的物种及其结构，如水合金属离子、多组元配位物种及萃合物等，用于解释萃取反应机理[133~138]。H. Narita 等采用 XAS 方法研究了 LIX84 萃镍过程中配合物的结构，表明 Ni^{2+} 与 LIX84 分子形成四配位的平面四边形构型；当加入高浓度 D2EHPA 后，萃合物结构从平面四边形向六配位的八面体结构转变；同时发现少量 D2EHPA 的加入可加速 LIX84 对镍的萃取，但从 XAS 结果中发现这与萃合物构型转变无关[133]。高建勋等用 EXAFS 方法研究了邻硝基苯甲醚和正辛醇溶液中冠醚与碱金属离子的配位行为，发现铯离子的配位使杯芳冠醚分子中冠醚链的对称性明显提高，溶液中铯配合物以七配位的稳定结构形式存在[139]。P. D. Angelo 等用 EXAFS 和 XANES 光谱对水溶液中 Co^{2+}、Ni^{2+}、Cu^{2+} 和 Zn^{2+} 等水合离子的结构进行了详细研究，获得了传统方法难以获得的水合离子结构参数[140-142]，这些微观结构信息对研究溶液中金属离子的反应机理具有重要意义。

1.6.5 量子化学计算方法

随着量子力学的快速发展，量子化学计算方法广泛地被应用于各个研究领域，几乎有关分子的一切性质，如构型、能量、电子密度以及分子轨道等，都可通过量子化学计算得到。一般小于 100 个原子的分子，均可用从头计算或密度泛函理论方法进行较高精度的理论计算；对于较大体系，可以用分子力学或分子动力学方法进行计算。而且，分子动力学模拟能计算复杂溶液体系中分子的运动轨迹、分子形态和径向分布函数等，提供溶液内部结构的动态信息[143, 144]。如今，随着大量商业计算软件的开发和推广，量子化学计算方法已经成为化学家们的有力工具，化学已不再是一门纯实验的学科[145]。

量子化学计算自产生以来就广泛用于研究各种溶液中的物种、结构和性质[146, 147]。通过计算不仅可以得到物种的微观结构及其相互作用的性质，还可以解决实验方法不能解决的问题，对于从分子水平上理解体系的宏观性质起着不可替代的作用。如 P. Varadwaj 等分别采用 DFT/UX3LYP 和 DFT/RX3LYP 方法计算了各种镍氨水合配合物的种类和结构，即 $[Ni(NH_3)_n(H_2O)_{6-n}]^{2+}$，$0 \leqslant n \leqslant 6$；发现 $Ni(H_2O)_6^{2+}$ 中的氢键作用随着氨配位数增加而明显减弱，每个 NH_3 分子配位将导致氨配位物种的稳定性增加 (7 ± 2) kcal/mol[148, 149]。M. Q. Fatmi 等采用 QM/MM 结合的分子动力学方法研究了水合锌离子及其各种锌氨配位物种的结构和性质，对氨配位过程的动力学进行了分析，提出了各种中间物种模型；结果表明随着氨配体数的增加，锌离子内层配位从八面体水合结构逐渐转变为四面体构型[150~155]。X. Cao 等采用 DFT 方法研究了 Cyanex301 萃取 Eu(Ⅲ)、Am(Ⅲ) 和 Cm(Ⅲ) 过程中萃合物的结构，发现 6 个硫原子直接配位的萃合物 ML_3 是最稳定的结构，且阳离子半径越大，M—S 键越长；萃取反应吉布斯自由能计算结果表明金属离子的水合自由能在萃取分离中起着至关重要的作用[156]。N. Galand 等采用量子力学和分子动力学模拟研究了 β - 二酮萃取铀酰离子的过程，发现配体中 H→F 取代有利于铀酰离子的萃取平衡，动力学模拟结果表明 TBP 与萃合物形成疏水性更大的配合物，且过量的 TBP 在油水界面促进了萃合物从水相向有机相转移[157]。

1.7　当前需要研究的内容

我国目前无法经济利用的低品位矿、多金属复杂矿等难处理资源占已探明矿产储量的 2/3 以上，如位于云南的兰坪氧化铅锌矿、元江红土镍矿、汤丹氧化铜矿等是我国及世界有名的低品位氧化矿床，金属储量丰富，由于这些矿物均含有大量的碱性脉石组分，很难通过浮选技术进行分离富集。氨法提取技术在处理含高碱型脉石型矿物时具有浸出液杂质种类少、净化除杂容易、工艺流程简单等优点，在实际生产中具有良好的经济效益和广阔的应用前景。因此，国内外众多研究者提出了"氨浸—电积"和"氨浸—萃取—电积"等工艺流程。在复杂矿物和低品位氧化矿物浸出过程中，由于浸出液成分较复杂，除杂难度大，金属离子浓度较低，后续工序无法进行，需要采用溶剂萃取技术从浸出液中分离富集有价金属离子。近年来，中南大学和昆明理工大学等单位对云南兰坪低品位氧化锌矿的"氨浸—萃取—电积"处理工艺进行了大量的基础研究。

虽然"氨浸—萃取—电积"工艺在处理低品位氧化矿等方面具有明显的优势，但文献资料表明，目前该工艺并没有在有色冶炼行业广泛应用，甚至没有进行工业化试验，原因一方面是由于非传统矿物的湿法冶金正处于发展阶段，还缺乏廉价的适合氨性溶液中金属离子萃取的高效萃取剂，另一方面是由于对氨性溶液金属离子的萃取机理还不十分清楚，在使用过程中存在各种问题，如共萃氨、萃取剂变质等，导致一些冶炼厂停产或关闭。因此，氨性溶液金属离子萃取技术的发展成为湿法冶金处理高碱型脉石型矿物的关键。

清楚掌握萃合物的配位结构有助于改进萃取剂配方、设计萃取工艺流程。但是，目前文献报道的萃取研究工作，大多局限于对工艺参数的讨论，对萃取过程的微观机制研究十分有限。因此，对氨性溶液中铜、镍、锌金属离子的萃取行为和机理进行系统研究，掌握萃取过程的微观机制，对推动上述"氨浸—萃取—电积"湿法处理工艺的发展具有重要的意义[158]。

本书拟从萃取平衡和溶液结构两个方面，以 β - 二酮为萃取剂，研究氨性溶液中铜、镍、锌离子的萃取行为，结合多种溶液结构分析方法，探讨水相及有机相中的物种及其结构对萃取过程的影响，分析氨性溶液中金属离子萃取的微观机理，为低品位复杂氧化矿物的氨配合冶金体系的完善提供理论基础。

本书的主要内容及研究思路如下：

（1）采用 β - 二酮化合物为萃取剂，研究氨性溶液中铜、镍、锌金属离子的萃取行为：考察溶液 pH、氨浓度、有机相萃取剂浓度等因素对体系中各物种的形成及结构的影响，从而分析各金属离子的萃取行为差异；

（2）研究氨性溶液中铜、镍、锌金属离子萃取有机相中水和氨的分配行为，讨论萃合物水合作用对萃取过程的影响和有机相中共萃氨的本质原因；

（3）采用 X 射线吸收光谱（XANES 和 EXAFS）分析萃取过程中的物种及其结构，结合 UV - Vis 光谱和 IR 光谱和量子化学计算等溶液结构分析方法，从微观角度探讨两相中的物种、结构与金属离子萃取行为之间的关系，阐明氨性溶液中金属离子萃取过程的微观机理；

（4）分别考察三种传统有机相溶剂、三种含磷中性配体和四种不同结构的离子液体萃取体系对氨性溶液中锌离子萃取行为的影响，对萃取有机相中萃合物物种及其结构进行分析，探讨锌离子萃取过程的溶剂效应与协同效应机制，为筛选适合氨性溶液中锌离子萃取的高效萃取体系提供理论依据。

第 2 章　萃取过程分析表征方法

2.1　萃取剂合成及表征

　　萃取剂的选择是氨性溶液中金属离子萃取成功与否的关键。β - 二酮类螯合剂对 60 多种金属离子均具有强的螯合能力，其在溶液中存在酮式和烯醇式互变异构，其烯醇式异构体呈弱酸性，在碱性溶液中溶解度小，是氨性溶液中金属离子萃取的优良萃取剂。[72, 87, 94, 95, 159] 然而，Cognis 公司生产的 LIX54 在高氨浓度下易与氨反应生成酮亚胺而变质，导致萃取过程性能下降、效率降低，甚至工厂停产[33]。文献表明，增大羰基位阻可有效抑制 β - 二酮萃取剂的变质行为[73]。因此，本文以苯乙酮和异辛酸甲酯为原料，采用克莱森(Claisen)缩合反应合成了高位阻 β - 二酮萃取剂(1 - 苯基 - 4 - 乙基 - 1, 3 - 辛二酮，记为 HA)，用于研究氨性溶液中镍、铜、锌离子的萃取行为及机理。

2.1.1　萃取剂合成

　　合成步骤[160]：氮气保护下，在 500 mL 反应器中加入 55.47 g 二甲苯和 158.72 g 异辛酸甲酯，然后在搅拌下加入 42.1 g 氢化钠与 32.69 g 二甲苯的混合物。用蠕动泵向反应器中逐滴加入 48.19 g 减压蒸馏后的苯乙酮与 32.69 g 二甲苯的混合物；油浴加热，控制反应体系温度在 135 ~ 140℃。苯乙酮溶液滴加完成后，继续在氮气气氛下加热搅拌回流 1 h。冷却至室温，在机械搅拌下用 150 g/L 硫酸酸化至溶液 pH 约为 4.0。分相后，用饱和 $NaHCO_3$ 和饱和 NaCl 溶液洗涤数次，收集的有机相用无水硫酸镁干燥 12 h。萃取剂合成反应如式(2 - 1)所示。

$$\tag{2-1}$$

　　产物提纯：减压蒸馏干燥后的有机相，收集 165 ~ 170℃ 间的馏分，得到萃取剂 1 - 苯基 - 4 乙基 - 1, 3 - 辛二酮(记为 HA)，产物为亮黄色液体，理论分子量为 246。产物结构和纯度采用 UV - Vis 光谱、IR 光谱、GC - MS 和 ^{1}H NMR 谱进行表征。

2.1.2　萃取剂结构表征

配制 2.5×10^{-5} mol/L 的 HA/壬烷溶液，以壬烷为参比，测得萃取剂的紫外吸收光谱，如图 2-1 所示。由图可以看出，在 245 nm 和 308 nm 处分别出现两个明显的吸收峰，这是由于 β-二酮存在酮式和烯醇式结构互变异构，其中 245 nm 处的峰归属于 HA 分子酮式异构体中苯甲酰基的 n→π^* 跃迁吸收，308 nm 处的峰归属于 HA 分子烯醇式异构体中羰基与乙烯基共轭体系的 $\pi \to \pi^*$ 跃迁吸收[161, 162]。

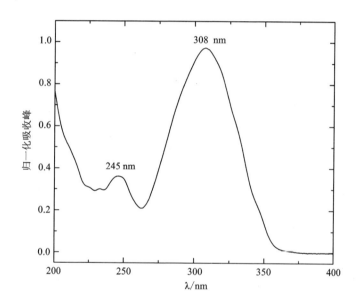

图 2-1　萃取剂 HA 的紫外光谱

Fig. 2-1　UV spectroscopy of HA

将少量萃取剂 HA 直接涂覆在 KBr 压片上，测得萃取剂的红外光谱，如图 2-2 所示，图中各特征吸收光谱的归属分析如表 2-1 所示。其中 1605 cm^{-1}、1572 cm^{-1} 和 1269 cm^{-1} 处附近的吸收峰分别归属于通过氢键形成的烯醇式六元环的羰基、C=C 双键和 C—O 单键的伸缩振动频率，3435 cm^{-1} 处附近宽的吸收带归属于烯醇式结构的—OH 伸缩振动，结果表明，所合成的 β-二酮萃取剂在无溶剂稀释时主要以烯醇式结构存在[163, 164]。

萃取剂 HA 的 GC-MS 图谱如图 2-3 所示。气相色谱图中保留时间为 20.46 min 的产物为合成的萃取剂 HA，分析其纯度为 97.8%。HA 在 $m/z = 246$ 处有一弱的离子峰，表明萃取剂相对分子量为 246，与理论值相符，其中 $m/z = 147$

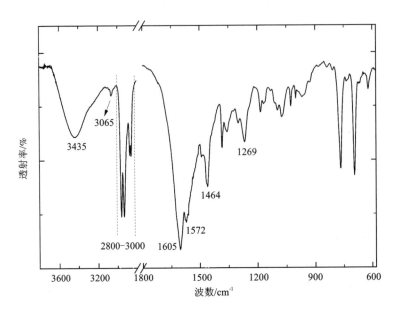

图 2 - 2　萃取剂 HA 的红外光谱

Fig. 2 - 2　IR spectroscopy of HA

处强的离子峰可能为解离生成的$(Ph—CO—CH_2—CO)^+$碎片。

表 2 - 1　萃取剂 HA 红外光谱吸收峰归属

Table 2 - 1　Infrared absorption peaks of HA

吸收峰波数/cm^{-1}	对应官能团
3435	烯醇式—OH 伸缩振动
3065	苯环 C—H 伸缩振动
2800 ~ 3000	饱和 C—H 伸缩振动
1605	C =O 伸缩振动
1572	烯醇式结构 C =C 伸缩振动
1464	苯环 C =C 骨架伸缩振动
1269	烯醇式结构 C—O 伸缩振动

　　由于酮式 - 烯醇式互变异构的存在,β - 二酮酮式结构中 β 碳原子上的氢以及烯醇式结构中的羟基氢,通过^{1}H NMR 谱非常容易辨别,其^{1}H NMR 谱理论计算值表明,二种异构体中氢原子的化学位移具有显著差异(如图 2 - 4 所示)。

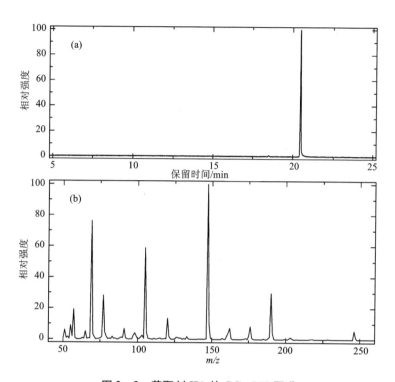

图 2 – 3 萃取剂 HA 的 GC – MS 图谱

（a）GC 图谱；（b）MS 图谱

Fig. 2 – 3 GC – MS spectrocopy of HA （a）GC spectrocopy；（b）MS spectrocopy

图 2 – 4 萃取剂 HA 的酮醇异构及 ¹H NMR 谱理论计算值

Fig. 2 – 4 Keto – enol tautomerism of HA and the theoretical values of ¹H NMR spectrocopy

以氘代氯仿（CDCl₃）为溶剂，测得萃取剂 HA 的 ¹H NMR 谱，如图 2 – 5 所示。由图可以看出，β – 二酮互变异构使其谱线归属十分复杂；其中比较明显的谱峰特征为：$\delta = 4.12$ ppm 处的谱峰归属于酮式结构中亚甲基（β 碳）上质子的化学位移，$\delta = 6.16$ ppm 处的谱峰归属于烯醇式结构中乙烯基 β 碳上质子的化学位移，$\delta = 16.38$ ppm 处的谱峰归属于烯醇式结构中羟基质子的化学位移。由于羟基氢原子比较活泼，使其谱线发生明显宽化。烯醇式结构氢谱的信号明显比酮式结构强，表明萃取剂以烯醇式结构为主[162]。

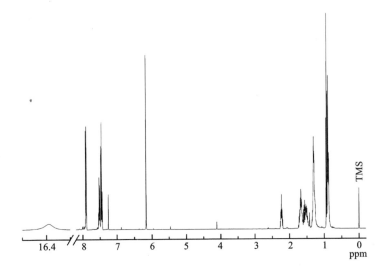

图 2 – 5　萃取剂 HA 的 ¹H NMR 谱

Fig. 2 – 5　¹H NMR spectrocopy of HA

2.2　金属离子萃取平衡实验

2.2.1　两相溶液的配制

水相溶液配制：以硫酸铵及其相应的金属盐 MSO_4（M = Cu、Ni、Zn）配制不同 pH 下的水溶液，溶液 pH 用硫酸和氢氧化钠调节，金属离子浓度为 0.02 mol/L，除考察总氨浓度影响外，硫酸铵浓度均为 1.0 mol/L。实验用溶液均采用 Millipore Milli – Q 系统净化的超纯去离子水配制（18.2 MΩ·cm）。

有机相溶液配制：除溶剂效应考察外，有机相均以壬烷为溶剂，以合成的 β – 二酮为萃取剂，配制不同浓度的有机相溶液待用。

2.2.2　金属离子萃取实验

将一定体积的配好的水相与相同体积的有机相置于锥形瓶中，在 25℃ 恒温水浴中搅拌 30 min，使萃取反应达到完全平衡（初步实验表明，铜、镍、锌萃取反应均可在 10 min 内达到平衡）。平衡后立即用分液漏斗静止分相，分别得到萃余液和负载有机相。萃余液用于测定金属离子浓度，有机相中金属离子浓度根据质量守恒用差减法求得；负载有机相用于表征萃合物结构等实验。

萃取率($E\%$)及分配比(D)计算公式如下：

$$E\% = \frac{C_{\mathrm{org}}}{C_{\mathrm{aq}} + C_{\mathrm{org}}} \times 100\% \qquad (2-2)$$

$$D = \frac{C_{\mathrm{org}}}{C_{\mathrm{aq}}} \qquad (2-3)$$

式中，C_{org}、C_{aq}分别为平衡时有机相和水相中金属离子浓度。

2.3　氨和水萃取平衡实验

取 40 mL 一定 pH 下含 0.02 mol/L 金属离子的氨性溶液，与等体积的含一定浓度 HA 的有机相混合，在 25℃下平衡 60 min，分相后有机相离心去除夹带水分，然后用 Whatman 1PS 相分离滤纸过滤有机相，以便尽可能去除残留水分。取 10 mL 负载有机相用于测定有机相中的水和氨含量；余下的 30 mL 负载有机相与等体积的上述水相溶液在相同条件下继续平衡，分相后其余步骤相同；以相同的实验步骤操作四次，分别测定每次实验萃余液中的金属离子浓度，由质量守恒计算负载有机相中金属离子浓度，得到金属离子浓度与水和氨浓度间的关系。

2.4　分析测试方法

2.4.1　溶液中金属离子浓度测定

主要测定水相中反应前后金属离子的浓度，有机相中金属离子浓度可通过物质平衡计算获得或通过反萃到水相后测定。铜离子浓度采用碘量法滴定分析，详细步骤参见国标 GB/T 15249.3—2009[165]。镍离子浓度采用 Na$_2$EDTA 滴定法进行分析，详细分析步骤参见国标 HB/Z 5083—2001[166]。锌离子浓度采用 Na$_2$EDTA 滴定法进行分析，详细分析步骤参见国标 GB/T 4372.1—2001[167]。

2.4.2　pH 测定

萃取反应前后水相的 pH 用雷磁公司生产的 pHSJ-3F 型 pH 计测定。

2.4.3　有机相中水的测定

采用瑞士 Mettler-Toledo 公司的 V30 卡尔-费休库仑滴定仪分析有机相中水的含量。分析原理：在仪器电解池中的卡尔-费休试剂达到平衡后，注入含水样品，水分子与已知水当量的卡尔－费休试剂发生氧化还原反应，在甲醇和吡啶存在的情况下，生成氢碘酸吡啶和甲基硫酸吡啶，消耗的碘在阳极电解再生，从而使氧化还原反应不断进行，直至样品中的水分全部耗尽为止。依据法拉第电解定律，电解产生的碘量与电解时耗用的电量成正比例关系，即电解碘的电量相当于电解水的电量。反应式如下：

$$H_2O + I_2 + SO_2 + 3C_5H_5N \longrightarrow 2C_5H_5N \cdot HI + C_5H_5N \cdot SO_3 \qquad (2-4)$$

$$C_5H_5 \cdot SO_3 + ROH \longrightarrow C_5H_5NH \cdot OSO_2OR \qquad (2-5)$$

阳极：
$$2I^- - 2e^- \longrightarrow I_2 \qquad (2-6)$$

阴极：
$$I_2 + 2e^- \longrightarrow 2I^- \qquad (2-7)$$

详细的实验操作过程参照仪器说明书。简要步骤为：预热仪器 30 min，采用定量超纯水标定仪器；然后用注射器加入适量待测液体，加入样品量通过减差法准确测定，滴定完成后仪器自动显示滴定剂的消耗量和换算后的含水量，滴定分析过程平行三次。

2.4.4 有机相中氨的测定

取一定体积的负载有机相，用等体积的 2 mol/L H_2SO_4 溶液反萃有机相两次，反萃液用济南海能仪器有限公司的 K9840 型凯氏定氮仪蒸氨，用硼酸溶液吸收；然后以甲基红－亚甲蓝（质量比 1:1）的乙醇溶液为指示剂，用合适浓度的盐酸溶液滴定分析硼酸吸收液中氨的浓度，滴定前分析空白样品，每次滴定过程平行三次，详细的实验操作步骤参见 GB/HJ 537—2009[168]。反应式如下：

$$2NH_3 + 4H_3BO_3 \longrightarrow (NH_4)_2B_4O_7 + 5H_2O \qquad (2-8)$$

$$(NH_4)_2B_4O_7 + 5H_2O + 2HCl \longrightarrow 2NH_4Cl + 4H_3BO_3 \qquad (2-9)$$

2.4.5 紫外－可见光谱（UV－Vis）测定

常温下，采用北京谱析通用公司的 Ray 2000 型光谱仪测定萃取过程中有机相和水相的紫外－可见光谱，石英比色皿光程长 10 mm。

2.4.6 红外光谱（IR）测定

采用美国 Thermo Scientific 公司的 Nicolet 6700 型傅里叶红外光谱仪测定萃取有机相的红外光谱，范围 $400 \sim 4000$ cm^{-1}，光谱间隔 4 cm^{-1}/s，固体样品采用 KBr 压片法测定，黏稠液体样品采用 KBr 压片涂覆法测定，稀溶液样品采用 KBr 液体池进行分析。

采用 OMNIC V8.2 软件包采集及分析 IR 光谱数据。

2.4.7 元素分析

采用德国 Elementar 公司 Vario EL III 型元素分析仪测定萃合物的元素组成。

2.4.8　气质联用(GC – MS)测定

采用日本岛津公司的 GCMS – QP2010 型气相色谱质谱联用仪对萃取剂结构和纯度进行测定。气相色谱初始温度 50℃，以 20℃/min 升温至 270℃，保温 5 min；质谱分析采用标准 EI 源，电子能量 70 eV；离子源温度 200℃，接口温度 250℃，质量范围 35 ~500 amu，扫描间隔 0.2 s/scan，电子倍增器电压 0.8 kV。

GC – MS 图谱数据采用 GCMS solution V2.10 进行分析。

2.4.9　核磁共振谱(NMR)测定

采用美国 Varian 公司 INOVA – 400 型核磁共振仪测定萃取剂及萃合物的氢谱(^{1}H NMR)，以氘代氯仿(CDCl$_3$)为溶剂，四甲基硅烷(TMS)为内标。

NMR 图谱数据采用 MestReC 软件包进行分析。

2.4.10　X 射线吸收光谱(XAS)测定

XAS 方法是一种研究吸收原子周围电子结构和近邻结构的常见方法，特别适合于溶液中短程有序的金属离子结构的研究。

铜离子萃取水相和有机相溶液中 Cu 的 K 边 X 射线吸收光谱在上海光源 XAFS 站(BL14W1 光束线站)上测定。测量时储存环电子能量为 3.5 GeV，电流强度为 150 ~210 mA，单色器为双平晶 Si(111)单色器，采用非聚焦模式；前后电离室均充入 N$_2$，用荧光法采集 X 射线吸收谱。溶液样品采用自封袋作为样品池，测定前用铜箔为标样校正铜的吸收边到 8979 eV。为提高能量分辨率，实验狭缝开口为 1 mm × 0.3 mm，每个样品平行测量两次。

镍、锌离子萃取水相和有机相溶液中 Ni、Zn 的 K 边 X 射线吸收光谱在国家同步辐射实验室 XAFS 站(U7C 线站)测定。测量时储存环能量为 0.8 GeV，电流强度为 100 ~250 mA，超导 Wiggler 磁铁的磁场强度为 6 T；单色器为 Si(111)平面双晶；探测器为充入 Ar/N$_2$ 混合气的电离室，采用荧光法和透射法分别测定溶液样品和固体样品的 X 射线吸收谱，溶液样品采用自封袋作为样品池，固体样品采用约 1 mm 的铅板槽为样品池。测定前用镍箔和锌箔为标样分别校正 Ni、Zn 的吸收边到 8333 eV 和 9659 eV，每个样品平行测量两次。

2.4.11　X 射线吸收光谱数据处理

X 射线吸收光谱分析包括吸收边附近 – 20 ~50 eV 范围内的 X 射线吸收近边精细结构(XANES)光谱和大于吸收边 50 eV 的扩展 X 射线吸收精细结构(EX-AFS)光谱两个部分。X 射线吸收光谱数据采用 IFEFFIT 程序包处理。IFEFFIT 程序包是美国 Chicago 大学 Bruce Ravel 等人开发的专门用于分析处理 X 射线吸收光谱的软件包，主要包括用于数据处理的 Athena 程序和 SixPack 程序及结构拟合的 Artemis 程序[169, 170]。

采集到 XAS 数据后，用 Athena 程序进行能量校正、背底扣除、归一化、$E-k$ 转换，得到 $\chi(k)$ 函数，用于 XANES 光谱和 EXAFS 光谱分析，提取系列样品的结构信息，EXAFS 数据处理流程如图 2-6 所示。

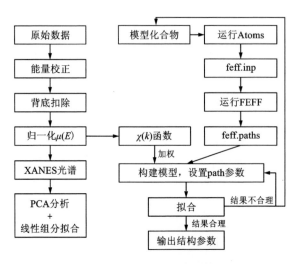

图 2-6　EXAFS 数据处理流程

Fig. 2-6　Procedure of EXAFS data processing

XANES 光谱的信噪比要比 EXAFS 高两个数量级，且对细微结构变化和电荷转移等非常敏感，非常适合于分析大无序体系的结构[171, 172]。然而，由于 XANES 光谱中包含了大量的多重散射及电子光谱信息，其理论分析方法仍处于发展之中，目前无法用于定量分析，但可通过光谱特征进行定性分析；而且，与其他光谱方法一样，X 射线吸收光谱具有加合性，在研究溶液结构时，因溶液中通常存在多个物种间的平衡，光信号是所有含吸收原子物种的信号值统计加权平均。因此，可测定随 pH、浓度、温度等变化的系列溶液的 XANES 光谱，用 Athena 程序得到归一化的系列光谱数据后，采用 SixPack 程序对归一化光谱进行主成分分析（PCA），得到系列溶液中的优势物种数量[173]；然后结合线性组分拟合（LCF）得到各组分的分布[174, 175]。

X 射线激发的光电子被周围配位原子散射，导致 X 射线吸收强度随能量发生振荡，研究这些振荡信号可以得到所研究体系的电子和几何局域结构。原始数据经 Athena 软件处理得到 $\chi(k)$、$FT[\chi(k)]$ 函数后，由无机化学晶体结构数据库（ICSD）及剑桥结构数据库（CSD）查得与待测样品结构相近化合物的晶体结构数据，通过 Atoms 和 Feff 程序计算理论散射振幅 $f(k)$，相移函数 $\varphi(k)$ 和电子平均自由程 $\lambda(k)$，然后采用 Artemis 程序拟合 EXAFS 光谱得到待测物的结构参数 N、R、E_0、σ^2。理论 $\chi(k)$ 函数按下式计算：

$$\chi(k) = \sum_j \frac{N_j S_0^2 f_j(k) \mathrm{e}^{-2R_j/\lambda_j(k)} \mathrm{e}^{-2k^2\sigma_j^2}}{kR_j^2} \sin[2kR_j + \varphi_j(k)] \qquad (2-10)$$

式中，N——配位数；

$\quad\quad R$——原子间距离；

$\quad\quad \sigma^2$——无序度因子(Debye - Waller factor)；

$\quad\quad S_0^2$——振幅衰减因子；

$\quad\quad \Delta E_0$——能量原点位移($k^2 = 2m_\mathrm{e}(E - E_0)/\hbar^2$)。

XANES 光谱线性拟合因子(R)计算公式[170]：

$$R = \frac{\sum\limits_{i=1}^{m} |\mu_{i,\,\mathrm{Exp}}(E) - \mu_{i,\,\mathrm{Sim}}(E)|^2}{\sum\limits_{i=1}^{m} |\mu_{i,\,\mathrm{Exp}}(E)|^2} \times 100\% \qquad (2-11)$$

式中，$\mu_{i,\,\mathrm{Exp}}(E)$——归一化的 XANES 实验谱数据；

$\quad\quad \mu_{i,\,\mathrm{Sim}}(E)$——基于两组分线性拟合的 XANES 光谱数据。

第 3 章　铜的萃取行为及微观机理

3.1　引　言

　　氨性溶液浸出是处理低品位氧化铜矿物最具有前景的技术之一[176~180]。在氨性溶液铜离子萃取过程中，溶液中铜离子物种及其配位结构对萃取过程影响很大；因此，研究氨性溶液中铜离子的物种及结构和性质以及有机相中铜萃合物的结构对掌握铜离子的萃取机理至关重要，这些信息对于改进萃取剂配方和萃取工艺等均具有重要的指导意义。

　　近几十年来，溶液中铜离子的配位结构和性质一直受到广泛关注[181~183]，如采用 X 射线衍射[184, 185]、中子衍射[182]、X 射线吸收光谱[181, 186~189] 及量子化学计算方法[190, 191] 等对铜离子物种的结构进行了大量研究。但是，由于铜离子特殊的 Jahn – Teller 效应，获取其结构信息十分困难[141, 182]，不同研究者对溶液中的铜离子配位结构提出了多种结构模型，如扭曲八面体构型[192]、四方锥构型、三角双锥构型以及平面四边形构型等[182, 183]。2001 年 A. Pasquarello 等通过中子衍射实验和分子动力学模拟，提出了水合铜离子具有三角双锥构型五配位构型的新观点[182]；而 J. Chaboy[183] 通过 XANES 光谱分析发现溶液中水合铜离子以 4、5、6 配位多种方式共存。虽然 B. Rode 等采用 QM/MM 结合的分子动力学模拟方法对铜氨配位物种进行了研究[190, 191]，但获得的结构参数并不能反映氨性溶液中铜离子的真实配位结构。目前，对氨性溶液中铜离子结构的实验研究仅局限于酸性溶液或高浓度氨水溶液，而与萃取过程密切相关的复杂氨性溶液中铜离子物种的结构信息却非常有限；另一方面，由于铜离子配位结构的灵活性，氨性溶液中的水和氨分子也可能与有机相中的铜萃合物发生配位，虽然已有少量关于铜萃取过程中氨的共萃行为研究[106, 107]，但其本质原因至今不明，水在萃取有机相中的分配行为和机理目前还没有报道，这些信息对全面掌握氨性溶液中铜离子的萃取机理十分重要。

　　本章以 β – 二酮(HA)为萃取剂，对氨 – 硫酸铵溶液中铜离子的萃取行为进行考察，对水和氨在有机相中的分配行为进行详细讨论，采用紫外 – 可见光谱、红外光谱、X 射线吸收光谱等方法对萃取两相中的物种和结构进行深入研究，从溶液中物种微观结构的角度解释氨性溶液中铜离子的萃取机理。

3.2　铜离子萃取研究方法

3.2.1　萃取平衡

氨性溶液中铜离子的萃取平衡实验方法参见 2.2 节。其中，萃取剂 HA 浓度分别为 0.1 mol/L、0.2 mol/L 和 0.4 mol/L。

水和氨的萃取平衡实验方法参见 2.4 节。其中，水相 pH 分别为 5.5、7.5 和 9.5，萃取剂 HA 浓度为 0.2 mol/L。

3.2.2　分析测试方法

水相和有机相中铜离子浓度分析方法参见 2.4.1。

有机相中水和氨的浓度分析方法分别参见 2.4.3 和 2.4.4。

采用 UV – Vis、FT – IR 和 X 射线吸收光谱表征有机相中铜萃合物的结构，水相中铜离子配位物种采用 UV – Vis 和 X 射线吸收光谱表征。其中，采用主成分分析方法和线性组分拟合方法分析 XANES 光谱的原理和步骤参见 2.4.11。EXAFS 光谱拟合程序及步骤参见 2.4.11。水相铜离子各物种的结构拟合采用 $Cu(H_2O)_6(ClO_4)_2$、$Cu(NH_3)_4(NO_3)_2$ 为模型化合物；有机相中铜萃合物的结构拟合采用苯甲酰丙酮铜为模型化合物。

3.2.3　量子化学计算

氨性溶液中铜离子物种的构型优化、频率分析及单点能计算采用 Gaussian 03 软件[193]完成，计算过程在中南大学高性能计算平台进行。采用 B3LYP 方法，选择 6 – 31G(d) 基组优化铜离子的结构，优化过程中不限制其结构的对称性。以优化得到的稳定构型为初始模型，选择 6 – 311 + G(d, p) 基组计算铜离子的单点能。不同铜氨水配位离子的稳定性采用稳定化能(ΔE)表示：

$$\Delta E = E_{Cu(NH_3)_x(H_2O)_y^{2+}} - E_{Cu^{2+}} - xE_{NH_3} - yE_{H_2O} \quad (x + y = 4 \text{ 或 } 6) \qquad (3-1)$$

3.3　氨性溶液中铜离子的萃取行为

本节主要考察萃取剂浓度、水相 pH 和总氨浓度等因素对氨 – 硫酸铵溶液中铜离子萃取平衡的影响。

3.3.1　水相 pH 的影响

当硫酸铵浓度为 1 mol/L、水相中铜离子浓度为 0.02 mol/L 和萃取剂浓度分别为 0.1 mol/L、0.2 mol/L 和 0.4 mol/L 时，铜萃取百分率与水相初始 pH(pH_{ini})的变化曲线和铜萃取分配比与水相平衡 pH(pH_{eq})的关系分别如图 3 - 1 所示。由图 3 - 1(a)可以看出，在不同萃取剂浓度下，铜的萃取率均随 pH 增加先增大，在 pH = 6.5 时达到最大后逐渐降低，且 pH > 8.5 时铜萃取率急剧下降，该现象广泛存在于氨性溶液 Ni(Ⅱ)[87]、Cu(Ⅱ)[77]、Zn(Ⅱ)[159]的萃取过程中。这对氨性溶液中铜离子萃取的实际应用十分不利，因为铜的浸出过程通常需要在高 pH 或高氨浓度下进行。一些作者认为水相中只有自由铜离子可被萃取，各种铜氨配合物的生成阻止了铜萃取反应的进行。实际上，虽然在较低萃取剂浓度下 pH 升高使铜的萃取率显著下降，增大萃取剂浓度可明显促进高 pH 条件下铜离子的萃取，当萃取剂浓度为 0.1 mol/L、0.2 mol/L 和 0.4 mol/L 时，在 pH = 9.4 条件下铜萃取率分别为 47.67%、78.35% 和 93.83%，说明铜氨配合物可直接参与萃取反应。G. Kyuchoukov 等从高氨浓度铜刻蚀液中萃取铜时，也提出了铜氨配合物的萃取反应机理[71]，但其萃取机理和铜氨物种抑制铜离子萃取的本质原因仍不清楚。

由图 3 - 1(b)可以看出，在 pH_{eq} < 4.4 时，pH 与 lg$D$ 图中直线的斜率理论值为 2，表明萃取 1 mol Cu^{2+} 释放 2 mol 的 H^+ 到溶液中；然而，当 pH_{eq} > 7 时，其斜率关系呈现负值，其原因主要是水相 pH 不但影响水相中铵 - 氨平衡和铜 - 氨配位平衡，而且影响萃取平衡，生成的铜氨配合物物种对铜离子的萃取具有明显的抑制作用。

值得注意的是，水相溶液中 pH 的变化 ΔpH(pH_{ini} - pH_{eq})也呈现特殊的变化规律。如图 3 - 2 所示，当 pH < 6.0 时，ΔpH 随 pH 增大而增加，其主要原因是此 pH 范围内萃取率随 pH 升高而显著增加，萃取过程产生的氢离子降低了平衡 pH；在 6.0 < pH < 7.0 时，ΔpH 随 pH 增大迅速降低，这是由于 pH 增大促进了铵盐与氨的平衡，氨的中和作用使平衡 pH 逐渐升高；当 pH > 7.0 时，ΔpH 随 pH 增大缓慢增加，虽然此时铜离子的萃取率已开始明显下降，可能是由于水相 pH 接近萃取剂的 pK_a，使其解离产生的氢离子降低了平衡 pH。

3.3.2 萃取剂浓度的影响

由于不同 pH 下铜离子的萃取行为具有较大的差异，为进一步分析不同 pH 下有机相中的萃合物物种，在硫酸铵浓度为 1 mol/L、水相铜离子浓度为 0.02 mol/L 条件下，分别研究了 pH = 5.5、7.5 和 9.5 的铜氨溶液中萃取剂浓度与铜离子分配比的关系，结果如图 3 - 3 所示。

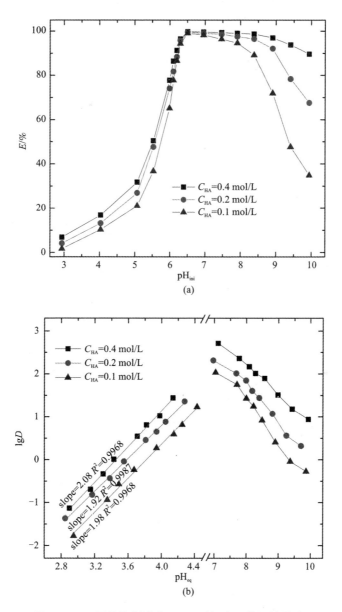

图 3 - 1　不同萃取剂浓度下 pH 对铜离子萃取的影响

（a）初始 pH 与铜萃取百分率的关系；（b）平衡 pH 与铜分配比的关系

Fig. 3 - 1　pH dependance of copper extraction at different HA concentrations

（a）the relationship between %E and pH$_{ini}$；（b）the relationship between lgD and pH$_{eq}$

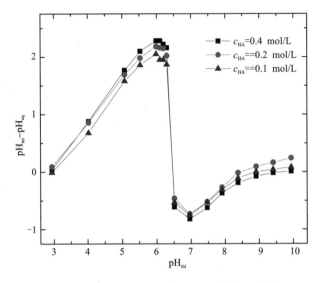

图 3-2 不同萃取剂浓度下 ΔpH 与初始 pH 的关系

Fig. 3-2　The relationship between ΔpH and pH_{ini} at different HA concentrations

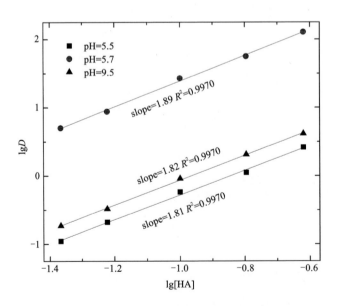

图 3-3 不同 pH 下萃取剂浓度对铜离子萃取的影响

Fig. 3-3　The relationship between lgD and HA concentration

萃取剂浓度与分配比的对数关系图中直线的斜率反映了萃合物中的 Cu/HA 的化学计量比。由图可以看出，三个 pH 条件下的斜率分别为 1.89、1.82 和 1.81，接近于理论值 2，表明在氨性溶液中每个铜离子与两个萃取剂分子结合形成 CuA$_2$，无 CuA$_2$·HA 等缔合物种产生。同时，水相 pH 不影响有机相中铜萃合物的配位状态，不同 pH 下铜离子的特殊萃取行为可能主要受水相铜氨配位平衡的影响。

3.3.3 离子强度和氨浓度的影响

在铜离子浓度为 0.02 mol/L、水相初始硫酸铵浓度为 0.5 mol/L 条件下，分别加入硫酸铵和硫酸钠，配制 pH 为 5.5 的硫酸铵、硫酸钠与硫酸铵混合的水溶液各 5 组，维持溶液总离子强度分别为 1.5 mol/L、2.25 mol/L、3 mol/L、3.75 mol/L 和 4.5 mol/L；以同样的方法配制 pH 为 9.5 的硫酸铵、硫酸钠与硫酸铵混合的水溶液。在萃取剂浓度为 0.1 mol/L 时，水相离子强度和总氨浓度与铜离子分配比的关系如图 3 - 4 所示。

由图 3 - 4(a)可知，在 pH = 5.5 时，增加硫酸钠或硫酸铵浓度均使铜分配比缓慢增加，由于在 pH 较低时溶液中氨浓度较低，硫酸钠和硫酸铵作为中性电解质产生盐析效应，降低了 Ca^{2+} 的活度，使铜离子的水合程度降低，从而促进了铜离子的萃取。然而，当 pH 升高到 9.5 时，铜萃取率随溶液离子强度增大而显著下降，这主要是由于溶液中自由氨浓度急剧增加，导致铜氨配合离子浓度增大，从而抑制了铜离子的萃取；因在碱性条件下硫酸钠为惰性电解质，硫酸铵溶液中自由氨浓度明显高于硫酸钠与硫酸铵混合溶液，因此随离子强度增大铜萃取率显著降低。由图 3 - 4(b)可知，在硫酸铵溶液中，铜分配比在 pH = 5.5 时呈缓慢上升趋势，而 pH = 9.5 时分配比显著降低，此时溶液中虽然仍存在盐析效应，但在碱性条件下自由氨浓度增加使生成的铜氨配合物对铜离子萃取的影响更加明显。

3.4 水和氨的萃取行为

溶液中铜离子的配位数通常为 4、5、6，在萃取过程中仅有两个萃取剂分子与铜离子结合，在萃合物中还存在空的配位空间，水相中水和氨分子可能直接与铜萃合物结合萃取进入有机相[194]，形成水合或氨配位的铜萃合物物种，从而影响铜离子的萃取。用含 0.2 mol/L HA 的有机相分别从 pH = 5.5、7.5 和 9.5 的铜氨溶液中萃取铜，测定了不同铜浓度下萃取有机相中的水和氨浓度。

3.4.1 水的萃取行为

图 3 - 5 为不同 pH 下萃取有机相中水含量与铜浓度的关系。由图可知，在与

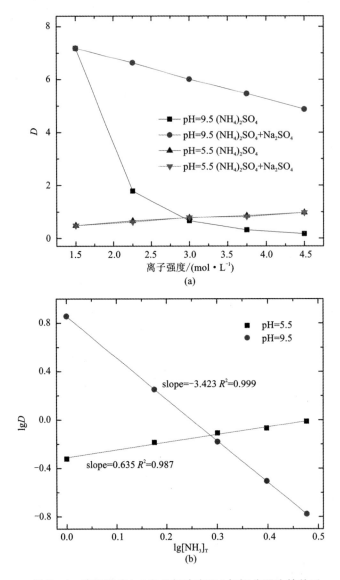

图 3 – 4 离子强度(a)和总氨浓度(b)与铜分配比的关系

Fig. 3 – 4 The relationship between lg*D* and ionic strength or total ammonia concentration

无铜离子的水相平衡后，有机相中含有一定量的水，这是由于萃取剂主要以烯醇式结构存在，水分子可与其形成氢键进入有机相。在 pH = 5.5、7.5 和 9.5 时，萃取铜后，萃取有机相中水的浓度均随铜离子浓度的增大而下降，表明水分子不与铜萃合物配位进入有机相，当水合萃取剂分子与铜配位后，其氢键缔合的水分子发生解离进入水相,导致有机相中水浓度逐渐降低。由于铜萃合物无缔合水分子或配位水分子,具有更高的疏水性,在碳氢非极性溶剂中具有更大的溶解度,有利于铜离子的萃取,这可能是 β – 二酮配体对铜离子具有优异的萃取性能的主要原因之一。

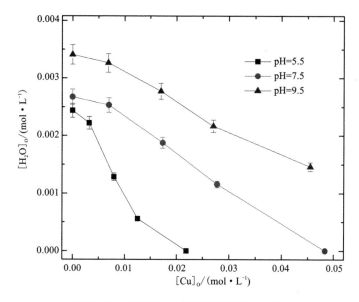

图 3 – 5 有机相中水浓度与铜浓度的关系

Fig. 3 – 5 The concentration relationship between water and copper in organic phase

3.4.2 氨的萃取行为

图 3 – 6 为不同 pH 下萃取有机相中氨浓度与铜离子浓度的关系。由图可知,有机相中氨浓度随铜离子浓度的增大呈线性增加,表明有机相中部分铜萃合物可与氨分子发生配位或缔合,生成氨合铜萃合物;在 pH = 5.5、7.5 和 9.5 时,其拟合直线的斜率分别为 0.006、0.027 和 0.053,该斜率值反映了萃合物中氨的平均配位数[106],pH 升高其斜率逐渐增加,说明水相中氨浓度增大促进了氨与铜萃合物的配位反应。值得注意的是,即使在 pH = 9.5 时其斜率值仅为 0.053,说明有机相中仅有少量氨合萃合物生成,即铜萃合物很难与氨反应。同时,当有机相在同样的 pH 条件下与无铜离子的水相平衡后,有机相仅含有极微量的氨,表明 β – 二酮萃取剂自身基本不共萃氨,这一优点有利于 β – 二酮在氨性溶液中的广泛应用。Flett 等[106, 107]以 LIX34、LIX54、LIX63 和 DK – 16 等为萃取剂,对氨性溶液金属离子萃取过程中氨的共萃进行了详细研究,结果同样表明在氨性溶液中

β – 二酮萃取剂本身不萃氨，而羟肟类萃取剂以 RH · NH₃ 的形式强烈萃氨；以
β – 二酮为萃取剂萃取铜离子时有机相氨浓度随铜浓度增大而缓慢增加，如
LIX54 萃取 1 mol 铜离子共萃取 0.012 ～ 0.026 mol 氨分子，本实验的共萃氨结果与
文献报道的结果一致。

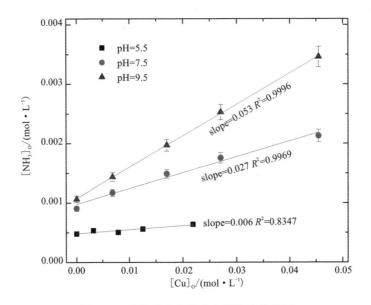

图 3 – 6　有机相中氨浓度与铜浓度的关系

Fig. 3 – 6　The concentration relationship between ammonia and copper in organic phase

3.5　萃合物微观结构分析

由于斜率法只能得到萃合物中配体与铜离子间的计量比，对萃合物的微观结
构信息仍不清楚，本节主要采用 UV – Vis、FT – IR 和 X 射线吸收光谱法对有机相
中萃合物物种的结构进行表征，以便从微观结构角度解释氨性溶液中铜离子的萃
取行为。

3.5.1　紫外 – 可见吸收光谱

在水相 pH = 7.5 时，以 0.2 mol/L HA 为萃取有机相进行多次萃取，对每次
萃取的萃取有机相进行 UV – Vis 光谱表征，由于有机相中配体具有 n→π* 和 π→
π* 跃迁，在紫外区产生非常强的吸收，很难直接获取萃取有机相的紫外吸收光
谱，图 3 – 7(a) 为萃取有机相以壬烷稀释 8000 倍后的紫外吸收光谱。由图可以
看出，有机相在萃取反应前于 245 nm 和 308 nm 处出现明显的吸收峰，该峰分别

归属于 β – 二酮配体的苯甲酰基和烯醇式异构体中羰基与乙烯基共轭体系的 $\pi \rightarrow$ π^* 跃迁[195]。

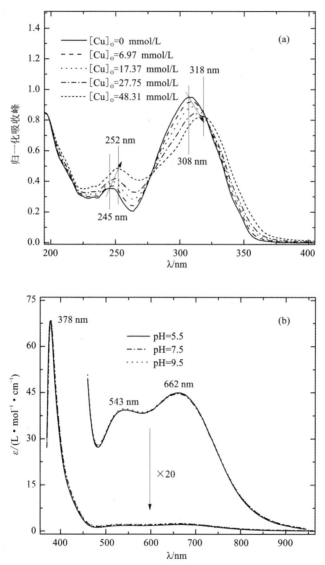

图 3 – 7　萃取有机相的紫外可见吸收光谱
（a）pH = 7.5 时有机相稀释 8000 倍的紫外可见光谱，以壬烷为参比；
（b）不同 pH 下萃取有机相的紫外可见光谱，以未萃取有机相为参比
Fig. 3 – 7　UV – Vis spectroscopy of the extracted organic phase
（a）UV – Vis spectroscopy of the organic phase at pH = 7.5, reference with nonane
（b）UV – Vis spectroscopies of the organic phase at different pH, reference with fresh organic phase

萃取铜离子后，随着有机相中铜离子浓度的增加，两个吸收峰均明显地发生红移，且烯醇式异构体中羰基与乙烯基共轭体系的 $\pi \to \pi^*$ 跃迁强度逐渐减弱，这主要源于 β - 二酮与铜离子结合后发生电荷迁移，使螯合环中氧原子的电子密度降低，增加了配体中的 $\pi \to \pi$ 共轭与离域化作用，导致紫外吸收向低能方向移动[196]。

为进一步分析不同 pH 下萃取有机相中铜萃合物的结构，本书分别在水相 pH = 5.5、7.5 和 9.5 时萃取铜离子，以萃取前的有机相为参比，进行紫外差谱扫描，得到不同 pH 下萃取有机相中铜萃合物的可见吸收光谱信息，如图 3 - 7(b) 所示。由于铜离子中电子可发生 d - d 跃迁，铜萃合物在 543 nm 和 662 nm 处出现明显的吸收双峰，由文献知[115]该峰的吸收位置和摩尔消光系数对应于平面四边形构型的铜配合物的特征吸收，表明铜离子可能以平面四边形构型被萃取进入有机相。三个 pH 下萃取有机相的可见光谱完全重合，说明在不同 pH 下铜萃合物的结构完全相同；由于有机相氨共萃的程度非常低，在紫外光谱中很难区别氨萃合物。稀释 20 倍后，三个 pH 下的萃取有机相均在 378 nm 处出现相同的强吸收峰，与文献报道的 LIX54 的铜萃合物的光谱特征一致[78]，Cotton 等人对该峰的归属进行了详细讨论，他们否定了传统认为的该峰源于铜离子 d - d 跃迁的结论，认为该峰应归因于铜离子与 β - 二酮配体间的 $d \to \pi^*$ 电子跃迁和电荷转移[115, 196]。

3.5.2 红外光谱分析

图 3 - 8 为不同 pH 下有机相萃取前后的红外光谱。对比壬烷溶剂，萃取前有机相在 1604 cm^{-1}，1576 cm^{-1} 和 1182 cm^{-1} 处附近出现 β - 二酮配体的特征吸收峰，分别归属于 HA 分子中通过氢键形成的烯醇式六元环的 C =O 振动，碳碳双键 C =C 及 C—O 的伸缩振动频率[197, 198]，与铜离子配位后，这些特征吸收峰发生不同程度的红移，其中 C =O 和 C—O 振动峰分别红移至 1556 cm^{-1} 和 1520 cm^{-1} 处，这是由于 HA 分子与铜离子螯合配位，铜离子与配体间发生电子转移，使螯合环上的共轭作用增强，配体的电子密度降低，导致振动频率向低频方向移动，而且螯合环的生成使萃合物在 1412 cm^{-1} 处产生新的振动峰，这也进一步证实了萃取过程为 β - 二酮的烯醇式结构参与配位。同时，三个 pH 下萃取有机相红外光谱的振动峰位置完全相同，表明不同 pH 下的铜萃合物结构相同，与紫外 - 可见光谱的分析结果完全一致。

3.5.3 有机相的 X 射线吸收光谱

由于 X 射线吸收光谱具有元素特征性，可直接测定溶液中铜配合物的结构信息，具有红外和紫外光谱无可比拟的优势[132]。图 3 - 9 为不同 pH 条件下萃取有机相中铜萃合物的归一化 Cu K 边 XANES 光谱。

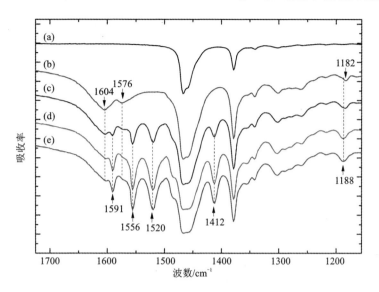

图 3 - 8 萃取有机相的红外吸收光谱

(a)壬烷溶剂；(b)萃取前有机相；(c)pH=5.5 萃取有机相；

(d)pH=7.5 萃取有机相；(e)pH=9.5 萃取有机相；

Fig. 3 - 8 FT - IR spectroscopy of the organic phase

(a)nonane；(b)fresh organic phase；(c)the extracted organic phase at pH=5.5；

(d)the extracted organic phase at pH=7.5；(d)the extracted organic phase at pH=9.5

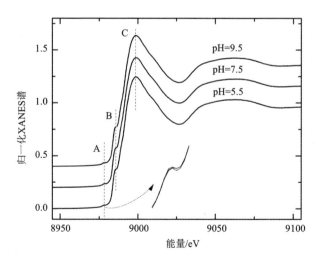

图 3 - 9 萃取有机相的归一化 Cu K 边 XANES 光谱

Fig. 3 - 9 Normalized Cu K edge XANES spectroscopy of the extracted organic phase

由图可知，三个 pH 下萃取有机相中铜萃合物的 XANES 光谱完全相同，进一步证实了不同 pH 氨性溶液中铜萃合物具有相同的配位结构，这一结论与红外和紫外光谱结果一致，表明在高 pH 的氨性溶液中铜萃取率显著下降的行为与有机相萃合物结构无关，主要源于水相物种和结构的改变。在吸收边附近，出现三个明显的特征吸收，其中 8978 eV 处为边前吸收峰（A），归属于铜离子的 1s→3d 电子跃迁，对于具有高对称性结构的化合物其强度通常较弱；而 8980~9020 eV 间的吸收峰为 1s→4p 电子跃迁和电子振离跃迁，其中 8998 eV 处为白线峰（C），归属于 1s→4p$_{x2-y2}$ 电子跃迁，即 s 轨道的电子跃迁到 p 轨道平面上；而在 8985 eV 处出现弱的肩峰（B），归属于 s 轨道的电子跃迁到空态的 p 轨道 z 方向（即 1s→4p$_z$），以上光谱特征表明铜萃合物为典型的平面四边形构型，在许多文献中也得到了类似的结论[199~201]，其结构示意图如图 3 - 10 所示。

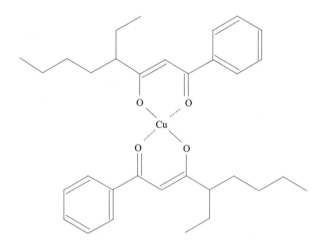

图 3 - 10　有机相铜萃合物的结构示意图

Fig. 3 - 10　Structural sketch of copper extract in organic phase

图 3 - 11 为不同 pH 条件下萃取有机相的 k^3 - 加权 Cu K 边 EXAFS 光谱及其傅里叶变换谱，相同的幅度函数和相位移表明，不同 pH 条件下铜萃合物均具有相同的平面四边形构型。从其傅里叶变换谱可以看出，在 1. 53 Å、2. 33 Å、2. 88 Å、3. 25 Å 和 3. 61 Å 处可分别观察到 5 个明显的吸收峰；其中，在 1. 53 Å 处的强吸收峰对应于铜萃合物最近邻配位氧原子的贡献（Cu—O），其余吸收峰对应于萃合物外层配位碳原子的 Cu—C 单重散射和 Cu—C—O 的多重散射贡献；由于傅里叶变换谱没有经过相位移校正，该原子间距离并不反映各配位层的实际距离。在萃合物的 k^3 - 加权 Cu K 边 EXAFS 光谱拟合过程中，分别考虑了三种单重散射（Cu—O、Cu—C$_1$、Cu—C$_2$）和一种多重散射（Cu—C$_1$—O）的贡献，因为加入

Cu—C₁—O 多重散射的贡献可明显改善拟合结果, 其散射路径如图 3 - 12 所示。

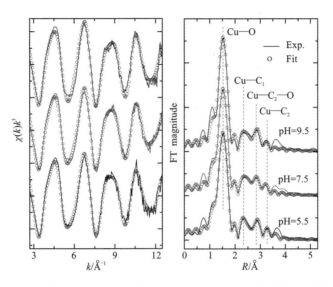

图 3 – 11　萃取有机相 k^3 – 加权 Cu K 边 EXAFS 光谱和傅里叶变换谱

Fig. 3 – 11　Cu K edge k^3 – weighted EXAFS (left) and their Fourier transforms (right) of copper extracts in the organic phase. Phase shifts on FTs are not corrected

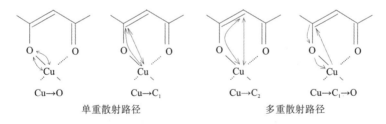

图 3 – 12　有机相铜萃合物 EXAFS 光谱拟合过程中的散射路径

Fig. 3 – 12 Scattering paths of copper extract for EXAFS fitting

在拟合过程中, 以苯甲酰丙酮铜配合物的结构参数为模型, 分别固定 Cu—O、Cu—C₁ 及 Cu—C₁—O 散射路径数为 4, Cu—C₂ 散射路径数为 2, 拟合得到铜萃合物各配位层的平均距离 r、Debye – Waller 因子和能量位移等参数, 拟合结果如图 3 – 11 和表 3 – 1 所示。由傅里叶变换拟合谱可以看出, 在 2.33 Å、2.88 Å、3.25 Å 处的吸收峰分别对应于外层配位的 Cu—C₁、Cu—C₁—O 和 Cu—C₂ 的贡献, 三个 pH 下铜萃合物具有一致的结构参数, 其最近邻 Cu—O 原子间的距离约为 1.97 Å, 外层 Cu—C₁ 和 Cu—C₂ 的原子间距离分别为 2.85 Å 和 3.64 Å。

表 3 - 1　萃取有机相 k^3 - 加权 Cu K 边 EXAFS 光谱拟合结果*

Table 3 - 1　The best fitting parameters of EXAFS spectra of copper extracts in the organic phase

样品	壳层	$N^{a,f}$	r^b	$\sigma^2/(\times 10^{-3})^c$	ΔE_0^d	$R/\%^e$
pH = 5.5	Cu—O	4	1.97 (1)	3.8 (1)	4.2 (5)	5.9
	Cu—C$_1$	4	2.84(2)	5.6(5)	6.7 (3)	
	Cu—C$_2$	2	3.62(2)	3.3(4)		
pH = 7.5	Cu—O	4	1.97 (1)	3.8 (7)	4.2 (5)	6.2
	Cu—C$_1$	4	2.85(2)	5.2(3)	7.2 (4)	
	Cu—C$_2$	2	3.64(2)	11.3 (2)		
pH = 9.5	Cu—O	4	1.96(1)	3.3(7)	4.5 (6)	10.7
	Cu—C$_1$	4	2.85(2)	3.1(2)	7.5 (2)	
	Cu—C$_2$	2	3.64 (2)	6.7 (5)		

* 拟合范围：$\Delta k = 2.7 - 12.2$ Å^{-1}，$\Delta R = 1.0 - 3.5$ Å；括号内的值为统计不确定度；

a 为配位数；b 为平均键长(Å)；c 为 Debye - Waller 因子(Å^2)；d 为能量位移(eV)；e 为拟合因子；f 为固定参数

$$R\% = \frac{k_i^3 \chi_{exp}(k_i) - k_i^3 \chi_{mod}(k_i)}{k_i^3 \chi_{exp}(k_i)} \times 100\%，其中 k_i^3 \chi_{exp}(k_i) 为实验谱，k_i^3 \chi_{mod}(k_i) 为拟合谱。$$

因此，以上 UV - Vis、FT - IR、XANES 及 EXAFS 等多种光谱表征结果表明，β - 二酮从氨性溶液中萃取铜离子时，与铜离子形成平面四边形构型铜萃合物，水分子和氨分子不与铜离子萃合物配位进入有机相，铜离子萃取率随 pH 升高逐渐下降与有机相萃合物的结构无关，主要受水相溶液中铜离子物种和结构的影响。

3.6　水相中铜离子物种及其结构研究

3.6.1　水相中铜离子物种分布

在硫酸铜溶液中，加入氨水后发生如下逐级取代反应，生成系列铜氨配合物：

$$[Cu(H_2O)_6]^{2+} + nNH_3 \Longleftrightarrow [Cu(NH_3)_n(H_2O)_{6-n})]^{2+} + nH_2O \quad (n = 1 \sim 5)$$

$$(3 - 2)$$

尽管溶液中铜离子可能以 4、5、6 配位数等多种配位结构存在，但由于 Cu(NH$_3$)$_6^{2+}$ 很不稳定，六氨合铜配合物仅在少量固体化合物，如

$[Cu(NH_3)_6](ClO_4)_2$、$[Cu(NH_3)_6]Cl_2$ 或浓氨水中存在[188]。25℃时铜氨配合物的逐级稳定常数分别为 4.3、7.91、10.8、13.2 和 12.43[180, 202, 203]。在铜离子浓度为0.02 mol/L、硫酸铵浓度为 1.0 mol/L 及忽略铜离子水解的条件下,采用IUPAC物种计算软件 SCDB 2005[204] 计算得到氨性溶液中铜氨配合物物种分布与pH 的关系,如图 3 – 13 所示。图中的铜氨配位离子的氨平均配位数(ACN)由以下公式计算得到:

$$ACN = \frac{\sum_{n=1}^{4} n \times [Cu(NH_3)_n^{2+}]}{[Cu^{2+}] + \sum_{n=1}^{4} n \times [Cu(NH_3)_n^{2+}]} \qquad (3-3)$$

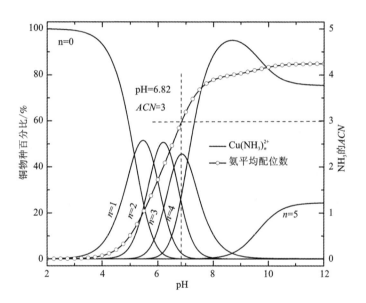

图 3 – 13　氨性溶液中铜离子的物种分布图

Fig. 3 – 13　Distribution of copper species in the aqueous phase as a function of pH

由图可知,由于铜氨配位离子的稳定常数较高,在 pH > 4 时开始形成 $Cu(NH_3)^{2+}$,在 pH 约为 5.5 时相对含量达到最大;在 pH 约为 6.8 时,溶液中铜离子主要以 $Cu(NH_3)_3^{2+}$ 和 $Cu(NH_3)_4^{2+}$ 形式存在,此时其氨平均配位数约为 3;在 pH 达到 8.5 时溶液中主要为 $Cu(NH_3)_4^{2+}$。B. Rode 等通过 QM/MM MD 模拟[190, 191],发现氨取代铜离子中的水分子会使铜离子的反应活性降低,这可部分解释氨性溶液中铜氨离子的生成抑制铜离子萃取的现象。实际上,在 pH < 6.8 时,铜的平均配位数急剧升高到 3,而此时铜的萃取率并没有明显下降,表明

$Cu(NH_3)_m(H_2O)_n^{2+}$ ($m=1\sim3$，$n=6-m$) 的生成并非高 pH 下铜萃取性能显著下降的主要原因；在 pH > 8.5 时铜的萃取率急剧下降可能主要是由于溶液中 $Cu(NH_3)_4(H_2O)_n^{2+}$ ($n=0\sim2$) 物种的生成，与水合铜离子相比，其配位结构可能发生明显变化，但目前并没有相应的实验数据或理论计算证明这一观点。

3.6.2 水相中铜离子物种的 UV－Vis 光谱

图 3 – 14 为含 0.02 mol/L Cu^{2+} 和 1.0 mol/L 硫酸铵的水溶液在不同 pH 下的紫外－可见吸收光谱。由图可以看出，随着溶液 pH 的升高，最大吸收波长向低波长方向移动（蓝移），到 pH = 8.5 时吸收达到最大，进一步增大 pH 使吸收光谱发生红移，其吸收强度略微减弱。

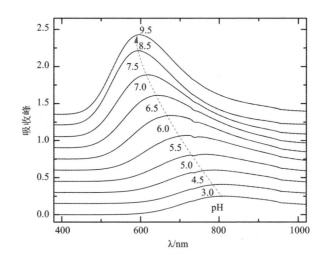

图 3 – 14 不同 pH 下铜氨溶液的紫外－可见吸收光谱

Fig. 3 – 14 UV – Vis spectroscopy of copper ammonia solution at different pH

文献指出[181, 186]，当铜离子与氨配位后，随着氨配位数从 1 增加到 4，铜氨配位离子的可见光吸收光谱吸收增强并发生蓝移；当生成 $Cu(NH_3)_5^{2+}$ 时，其吸收光谱强度减弱并发生红移。由铜氨配合物物种分布可说明产生这一现象的原因，在 pH = 9.5 时，溶液中约有 10% 的 $Cu(NH_3)_5^{2+}$ 物种生成，从而导致吸收光谱红移，但紫外－可见吸收光谱无法直接解释溶液中铜氨配合离子近邻配位结构的变化。

3.6.3 水相中铜离子物种的 XANES 光谱

虽然 XANES 光谱的形状、强度和吸收峰位置可定性反映配合物中配位原子的种类、数量和构型，但由于相邻的 N 元素和 O 元素的激发能相近，在 X 射线吸收光谱中难以区分氨配体取代水分子引起的差异；然而，当氨分子逐渐取代水合铜离子中的水分子时，其配体数量和配位构型可能发生改变，这会引起 XANES 光谱的显著变化，因而 N、O 元素的上述特点为组元结构分析提供了便利。

图 3 - 15 为含 0.02 mol/L Cu^{2+} 和 1.0 mol/L 硫酸铵的水溶液在不同 pH 下的归一化 Cu K 边 XANES 光谱。由图可以看出，随着水相 pH 的增大，铜离子的 XANES 光谱呈现规律性的变化，表明氨性溶液中铜离子的近邻配位结构随 pH 变化发生改变。在系列溶液的 XANES 光谱中，8978 eV 处均出现一个弱的边前吸收峰（峰 A），该峰归属于铜离子的 1s→3d 电子跃迁；在 pH < 5.0 时，铜离子的 XANES 光谱基本相同，均在 8996 eV 处出现一个强的对称吸收峰（峰 B，也称白线峰），归属于铜离子的 $1s{\rightarrow}4p_{x2-y2}$ 电子跃迁，这一光谱特征与 Persson 等提出的 Jahn - Teller 扭曲八面体构型铜离子的 XANES 光谱一致[192]，表明在此 pH 范围内溶液中铜离子可能以扭曲八面体构型存在。

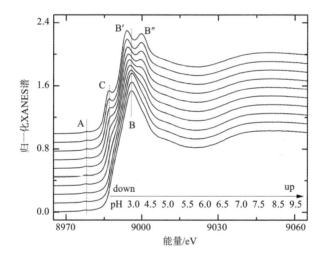

图 3 - 15　不同 pH 铜氨水溶液的归一化 Cu K 边 XANES 光谱

Fig. 3 - 15　Normalized Cu K edge XANES spectroscopy of the aqueous phase at different pH

然而，当逐渐增大 pH 时，在峰 B 的高能侧（9000 eV）出现新的肩峰（B″），归属于 1s→4p$_{xy}$电子跃迁，肩峰 B″随 pH 升高而增强，而峰 B 自身向低能侧移动，其强度略有增加；而且，在 8987 eV 处也出现新的吸收峰 C，归属于 1s→4p$_z$电子跃迁及电子振离跃迁，其强度随 pH 升高而增强，该峰的出现表明铜离子 p$_z$轨道方向出现空态[181]。实际上，在 pH 分别为 7.5、8.5 和 9.5 时，白线峰均出现宽化和明显的分裂特征，通常认为这是由于配位离子的配位数降低、对称性下降导致的[181]，表明溶液中 $Cu(NH_3)_4(H_2O)_n^{2+}$（$n=0\sim2$）离子应以平面四边形构型存在，这与 J. Chaboy 通过对 $Cu(NH_3)_4^{2+}$ 的 XANES 实验及其光谱拟合结果一致[205]。

3.6.4　XANES 光谱的 PCA 和 LCF 分析

　　X 射线吸收光谱为体系中所有目标物种的加权统计平均信号，由于 XANES 光谱理论方法的限制，目前很难直接提取各单一物种的结构信息，但 XANES 光谱具有其他光谱类似的加合性质。为了进一步分析氨性溶液中各铜氨物种影响铜离子萃取的本质原因，可以在对溶液中铜氨物种系列 XANES 光谱进行主成分分析的基础上，通过线性组分拟合得到体系总特定结构组分的相对含量。

　　图 3-16 为氨性溶液中铜氨物种系列 XANES 光谱的主成分分析结果，其特征值和方差均表明了系列铜氨物种中含有两个主要成分。虽然一些研究者通过量子化学计算表明溶液中可能存在多种铜氨水混合配位物种，如 $Cu(H_2O)_4(NH_3)_2$（Ⅱ）[191, 206] 和 $Cu(H_2O)_2(NH_3)_3$（Ⅱ）[207] 等，由于 N 原子和 O 原子相似的幅度函数和相移函数，通过 X 射线吸收光谱无法解析各单一物种的结构信息，XANES 光谱的主成分分析结果表明，该溶液中主要存在两种配位结构单元，根据 XANES 定性分析结果，两种构型可能分别为六配位的扭曲八面体构型和四配位的平面四边形构型。以 pH=3 和 pH=8.5 的 XANES 光谱分别代表以上两种主成分的特征光谱，重构溶液的 XANES 光谱，如图 3-17 所示，其实验谱和重构谱基本完全重合，表明上述两组分可很好地反映铜氨溶液中物种的主要结构。

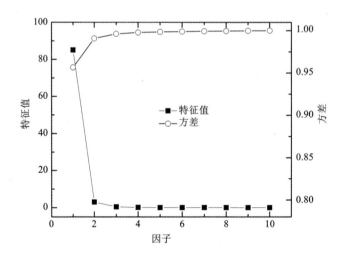

图 3-16　水相 XANES 光谱的主成分分析

Fig. 3-16　Principal component analysis of XANES spectra of copper species in the aqueous phase

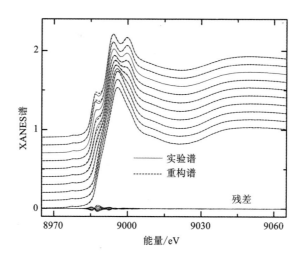

图 3 - 17　水相 XANES 光谱的两组分重构谱

Fig. 3 - 17　Target transformation of the normalized XANES spectra of copper species in the aqueous phase

　　因此，不同 pH 下的 XANES 光谱应为四面体结构和八面体结构光谱的线性组合，根据线性加合原理，对铜氨溶液的 XANES 光谱进行线性组分拟合，表 3 - 2 为水相 XANES 光谱的线性组合拟合结果，相应的结构分布如图 3 - 18 所示。

表 3 - 2　水相 XANES 光谱的线性组合拟合结果

Table 3 - 2　Linear combination fitting of XANES spectra of copper species in the aqueous phase

样品	端元分数		R^*
	八面体结构	平面四边形结构	
pH = 3.0	1.00	0	0.02
pH = 4.5	0.99	0.01	0.02
pH = 5.0	0.95	0.05	0.21
pH = 5.5	0.77	0.23	0.55
pH = 6.0	0.59	0.41	1.14
pH = 6.5	0.41	0.59	1.26
pH = 7.0	0.24	0.76	2.17
pH = 7.5	0.12	0.88	2.93

续表

样品	端元分数		R^*
	八面体结构	平面四边形结构	
pH = 8.5	0.01	0.99	3.83
pH = 9.5	0	1.00	4.65

* 拟合因子 R 通过以下公式计算得到,

$$R = \frac{\sum_{i=1}^{m} |\mu_{i,\,\mathrm{Exp}}(E) - \mu_{i,\,\mathrm{Sim}}(E)|}{\mu_{i,\,\mathrm{Exp}}(E)} \times 100$$

其中, $\mu_{i,\,\mathrm{Exp}}(E)$ 为归一化的 XANES 实验谱; $\mu_{i,\,\mathrm{Sim}}(E)$ 为基于两组分线性组合拟合得到的 XANES 光谱。

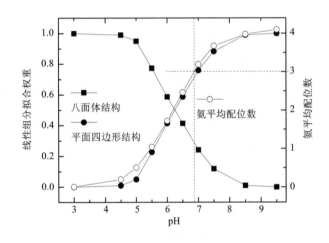

图 3 - 18 铜氨溶液中主成分分布图

Fig. 3 - 18 Distribution of principal components in the aqueous phase as a function of pH

图 3 - 18 为铜氨溶液中主成分分布图。由图可以看出,当 pH > 5.0 时,八面体构型铜氨配合物含量急剧下降,而相应的平面四边形构型铜氨配位离子逐渐增大,其增加趋势与铜氨物种的氨平均配位数一致,由铜氨物种分布图可知,此时溶液中的优势物种为 $Cu(NH_3)_2^{2+}$、$Cu(NH_3)_3^{2+}$ 和 $Cu(NH_3)_4^{2+}$,表明当第二个氨分子取代水分子后,水合铜离子的构型转变为平面四边形构型;在 pH 约为 6.8 时,$Cu(NH_3)_3^{2+}$ 相对含量达到最大,溶液中铜配位离子的氨平均配位数接近 3,此时铜的萃取率也开始呈现下降的趋势,结果表明溶液中的铜离子萃取行为明显受到平面四边形构型物种的影响;当 pH = 8.5 时,溶液中的优势物种为 $Cu(NH_3)_4^{2+}$,相对含量大于 95%,铜离子的萃取率急剧下降。根据上述结果可以

推断，氨性溶液中铜萃取率在 pH > 6.5 时出现明显下降趋势的主要原因是溶液中平面四边形构型铜氨物种的生成，当 pH > 8.5 时溶液中大量的 $Cu(NH_3)_4^{2+}$ 物种显著抑制了铜离子的萃取。

3.6.5　EXAFS 光谱分析

根据图 3−18 的分析结果，pH = 3.0 和 5.5 的铜氨溶液中铜氨配位离子应主要为八面体构型，而 pH = 7.5 和 9.5 时应主要为平面四边形构型。为进一步证实铜氨溶液中铜离子的配位结构，分别以 $Cu(H_2O)_6(NO_3)_2$ 和 $Cu(NH_3)_4(ClO_4)_2$ 为模型化合物拟合不同 pH 的铜氨溶液的 EXAFS 光谱，拟合前后的 EXAFS 光谱和傅里叶变换谱，如图 3−19 所示。从 pH = 3.0 和 9.5 溶液中铜离子的傅里叶光谱可以看出，在 1.51 Å 和 1.54 Å 处分别出现强的对称吸收峰，分别归属于水合铜离子的 Cu—O 键和铜氨物种的 Cu—N 键的贡献。文献中理论模拟和光谱实验结果也表明，水合铜离子以变形八面体构型存在，轴向配位氧原子与铜离子间的距离比平面配位氧原子与铜离子之间的距离通常要长约 0.3 Å[192]；虽然通常认为四氨合铜配位离子应具有平面四边形构型[183]，但铜氨配位离子的 XANES 光谱白线峰具有四面体构型典型的分裂特征，在一定程度上反映了四氨合铜配位离子的结构可能为四面体构型。

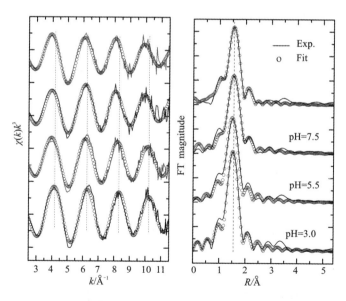

图 3−19　水相 k^3−加权 Cu K 边 EXAFS 光谱和傅里叶变换谱

Fig. 3−19　Cu K edge k^3−weighted EXAFS (left) and their Fourier transforms (right) of copper species in the aqueous phase. Phase shifts on FTs are not corrected

由此可以推测，因 Jahn – Teller 效应和氨分子的空间位阻等原因，铜氨配位离子 p_{x2-y2} 轨道平面的对称性下降，使 s→p 电子跃迁吸收峰发生分裂，四个氨分子可能并不在同一平面，形成了变形的平面四边形构型。四氨合铜配位离子与有机相中具有平面四边形构型的铜萃合物的 XANES 光谱具有明显区别，这是由于配体与铜离子的螯合作用和双键共轭作用，使其平面构型可稳定存在。在其他关于铜离子配合物的结构研究中也发现类似现象[199]，例如，J. Chaboy 等采用 XANES 对四种含氮配体(氨、乙二胺、酞菁和甘氨酸)铜配位离子构型进行研究时，发现四种铜配位离子虽然均为四配位结构，但其 XANES 光谱具有明显的区别，这说明配体的结构和性质对配位离子的构型产生显著的影响[205]。

因此，在拟合 EXAFS 光谱过程中，采用两层拟合可以明显改善拟合结果，其中固定水合铜离子的 2 个配位层的平面配位数和轴向配位数分别为 4 和 2，铜氨配位离子的 2 个配位层的配位数各为 2，最佳拟合结果如表 3 – 3 所示。由表中数据可知，水合铜离子的平面和轴向配位氧原子的距离分别为(1.96 ±0.01) Å 和 (2.28 ±0.02) Å，这一结果与文献[192]中水合铜离子的结构参数一致。而铜氨配位离子的 2 个配位层的原子间距离均约 2.02 Å，比水合铜离子平面配位氧原子距离更大，这是由于氨分子具有更大的空间位阻。值得注意的是，在傅里叶变换谱中，在 3.4 Å 处有一弱吸收峰，可归因于溶液中铜离子的外层水合配位，虽然 P. D. Angelo 等通过 EXAFS 拟合证实了外层的配位水分子[140]，但由于本实验数据信噪比不佳，无法进行更外层的结构拟合。

表 3 – 3 水相 k^3 – 加权 Cu K 边 EXAFS 光谱拟合结果 *

Table 3 – 3 The best fitting parameters of EXAFS spectra of copper species in the aqueous phase

样品	壳层	$N^{a, f}$	r^b	$\sigma^2 (\times 10^{-3})^c$	ΔE_0^d	$R/\%^e$
pH = 3.0	Cu – O$_{eq}$	4	1.96 (1)	2.4 (4)	2.4 (3)	1.8
	Cu – O$_{ax}$	2	2.28 (2)	7.1 (8)		
pH = 5.5	Cu – O$_{eq}$	4	1.98 (2)	4.5 (3)	1.7 (5)	5.7
	Cu – O$_{ax}$	2	2.25 (2)	8.7 (5)		
pH = 7.5	Cu – N$_{eq}$	2	2.00 (1)	6.8 (4)	7.4 (6)	7.1
	Cu – N$_{eq}$	2	2.02 (2)	9.2 (4)		
pH = 9.5	Cu – N$_{eq}$	2	2.01 (2)	4.3 (7)	3.5 (2)	3.5
	Cu – N$_{eq}$	2	2.02 (1)	6.5 (6)		

* 拟合范围：$\Delta k = 2.5 \sim 11.5$ Å^{-1}，$\Delta R = 1.0 \sim 2.5$ Å；括号内的值为统计不确定度；

a 为配位数；b 为平均键长(Å)；c 为 Debye – Waller 因子(Å^2)；d 为能量位移(eV)；e 为拟合因子；f 为固定参数

3.6.6 水相中铜氨物种的量子化学计算

由水相铜离子的 EXAFS 光谱结果可知,氨性溶液中铜离子主要以八面体和平面四边形两种构型存在,采用 DFT 方法计算各种铜离子的结构和能量,图 3-20为铜氨水配位离子的最优化构型,其结构参数如表 3-4 所示。

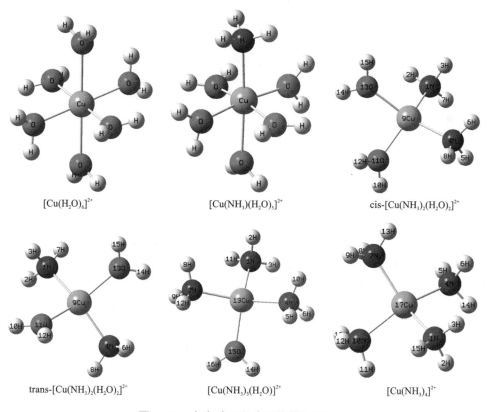

图 3-20 铜氨水配位离子的最优化构型

Fig. 3-20 The optimum structure of copper – ammonia – water complex ions

结果表明,六水合铜离子具有轴向拉长的八面体构型,与 EXAFS 分析结果一致,轴向 Cu—O 键长与水平 Cu—O 键长分别为 2.317 Å 和 1.992 Å,J. Burda 等采用 B3PW91 方法计算 $Cu(H_2O)_6^{2+}$ 的键长分别为 2.01 Å 和 2.28 Å[208]。由于氨分子比水分子具有更强的配位能力和更大的分子体积,当一个氨分子与铜离子配位后,铜氨水配位离子的轴向配位距离减小,而平面水分子的平均配位距离增大到 2.003 Å。当两个氨分子与铜离子配位后,形成四配位 $[Cu(NH_3)_2(H_2O)_2]^{2+}$,其顺式及反式结构的 Cu—N 和 Cu—O 平均键长相同,分别为 1.992 Å 和 1.986 Å;

顺式 [Cu (NH$_3$)$_2$ (H$_2$O)$_2$]$^{2+}$ 的键角分别为 148.39° 和 148.29°，反式 [Cu(NH$_3$)$_2$(H$_2$O)$_2$]$^{2+}$ 的键角分别为 154.21° 和 142.85°，表明四配位铜氨水配位离子具有准平面四边形构型。当第三个氨分子与第四个氨分子与铜离子配位后，Cu—N 平均距离逐渐增大，其中 [Cu(NH$_3$)$_4$]$^{2+}$ 的 Cu—N 平均距离为 2.028 Å，N—Cu—N 键角为 146.9°，A. Berces 等通过 ab initio 动力学模拟也发现 [Cu(NH$_3$)$_4$]$^{2+}$ 具有明显扭曲的平面四边形构型，N—Cu—N 键角为 166°~168°[209]。

表 3-4 铜氨水配位离子的结构参数

Table 3-4 Structral parameters of copper – ammonia – water complex ions

物种	平均键长(d/Å)		键角($\angle$)/(°)	
[Cu(H$_2$O)$_6$]$^{2+}$	Cu—O$_{ax}$	2.317	—	—
	Cu—O$_{eq}$	1.992	—	—
[Cu(NH$_3$)(H$_2$O)$_5$]$^{2+}$	Cu—N$_{ax}$	2.251	—	—
	Cu—O$_{ax}$	2.293	—	—
	Cu—O$_{eq}$	2.003	—	—
cis – [Cu(NH$_3$)$_2$(H$_2$O)$_2$]$^{2+}$	Cu—N	1.992	4N—Cu—13O	148.39
	Cu—O	1.986	1N—Cu—11O	148.29
trans – [Cu(NH$_3$)$_2$(H$_2$O)$_2$]$^{2+}$	Cu—N	1.992	4N—Cu—1N	154.21
	Cu—O	1.987	11O—Cu—13O	142.85
[Cu(NH$_3$)$_3$(H$_2$O)]$^{2+}$	Cu—N	2.008	4N—Cu—7N	148.30
	Cu—O	2.006	1N—Cu—15O	143.31
[Cu(NH$_3$)$_4$]$^{2+}$	Cu—N	2.028	1N—Cu—7N	146.90

表 3-5 为铜氨水配位离子的稳定化能 ΔE。结果表明，当一个氨分子与水合铜离子配位后，生成的铜氨水配位离子的稳定化能约增大 14 kcal/mol，导致铜离子的反应活性降低。同时，当两个或更多氨分子与铜离子配位后，生成的四配位铜离子的稳定化能虽然有所降低，但平均键能从 [Cu(H$_2$O)$_6$]$^{2+}$ 的 59.9 kcal/mol 增大到 [Cu(NH$_3$)$_4$]$^{2+}$ 的 92.6 kcal/mol，使萃取剂 HA 分子取代铜氨配位离子中的氨分子更加困难，从而抑制了铜离子萃取反应的进行。

表 3 - 5 铜氨水配位离子的稳定化能（ΔE, kcal/mol）

Table 3 - 5   Stabilization energy of copper - ammonia - water complex ions（ΔE, kcal/mol）

物种	E(a. u.)	$\Delta E/(\text{kcal} \cdot \text{mol}^{-1})$
$[Cu(H_2O)_6]^{2+}$	-0.57292	-359.515
$[Cu(NH_3)(H_2O)_5]^{2+}$	-0.59525	-373.527
cis - $[Cu(NH_3)_2(H_2O)_2]^{2+}$	-0.54791	-343.821
trans - $[Cu(NH_3)_2(H_2O)_2]^{2+}$	-0.54529	-342.176
$[Cu(NH_3)_3(H_2O)]^{2+}$	-0.56903	-357.073
$[Cu(NH_3)_4]^{2+}$	-0.59024	-370.381

3.7 氨性溶液中铜离子萃取机理分析

β - 二酮萃取剂已广泛用于从印刷电路板的氨性刻蚀液中回收铜[74, 210]，关于氨性溶液中萃取铜离子的机理研究也较多，但出现了两种不同的观点：一种观点认为铜氨溶液中仅自由铜离子可萃取，生成的铜氨配位离子不被萃取[77]，如反应式（3 - 4）所示；另一种观点认为萃取过程中 $Cu(NH_3)_4^{2+}$ 可发生解离，从而实现铜离子的萃取[71, 72]，如反应式（3 - 5）所示。

$$Cu^{2+} + 2HA_o \Longrightarrow CuA_{2,o} + 2H^+ \qquad (3-4)$$

$$Cu(NH_3)_4^{2+} + 2HA_o \Longrightarrow CuA_{2,o} + 2NH_3 + 2NH_4^+ \qquad (3-5)$$

本文实验结果表明，氨性溶液中铜氨配位离子仍可萃取，但其萃取反应活性降低，尤其是在 pH > 8.5 时铜萃取率显著下降。虽然一些理论研究结果表明[207, 211]，氨分子取代水合铜离子中的水分子使其稳定性大大增加，但这不足以解释在高 pH 下铜离子萃取率显著降低的本质原因。本文采用 XANES 和 EXAFS 光谱和 DFT 计算方法，对水相和有机相中主要物种的结构进行了深入研究，发现有机相中铜萃合物以稳定的平面四边形构型存在，其结构不随 pH 变化而改变；而水相中铜离子与氨配位后，变形八面体构型的水合铜离子逐渐转变为扭曲的平面四边形构型，其稳定性大大增加，尤其在 pH > 8.5 时溶液中 95% 以上为具有扭曲平面四边形构型的 $Cu(NH_3)_4^{2+}$ 物种。因此，铜氨配位离子的生成抑制了铜离子的萃取，但形成稳定的扭曲平面四边形的铜氨配位离子才是萃取率显著下降的根本原因。图 3 - 21 为 β - 二酮在氨性水溶液中萃取铜离子的微观机理示意图。

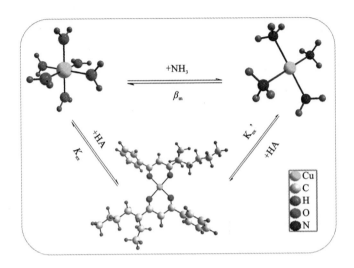

图 3 – 21　氨性溶液中铜离子萃取机理示意图

Fig. 3 – 21　Extraction mechanism of copper(Ⅱ)in ammoniacal solution

3.8　本章小结

本章研究了氨－硫酸铵溶液中铜离子的萃取行为，分析了水和氨在萃取有机相中的分配规律，并采用 X 射线吸收光谱等结构分析方法首次研究了氨性水溶液中铜离子萃取过程中的物种类型及其结构，从微观角度阐明了铜离子萃取的机理，得到了如下结论：

（1）β－二酮萃取剂在氨性水溶液中可高效萃铜，但水相 pH 对铜离子萃取率有较大影响，尤其在 pH > 8.5 后显著下降；

（2）有机相中水分子不与铜萃合物配位，而少量氨分子可随铜萃合物进入有机相，在 pH = 9.5 时萃取 1 mol 铜离子约共萃 0.053 mol 氨分子；有机相中氨浓度随铜离子浓度呈线性增加，表明少量氨可能与铜萃合物发生配位或缔合；

（3）UV－Vis 和 X 射线吸收光谱结果表明，有机相中 β－二酮与铜离子形成平面四边形构型的 CuA_2 萃合物，其结构不随水相 pH 变化而改变；

（4）通过对铜氨溶液 XANES 光谱进行主成分分析和线性组分拟合，结果表明随溶液 pH 增大，铜氨配位离子的结构从六配位的变形八面体构型逐渐转变为四配位的扭曲平面四边形构型，当第二个氨分子进入水合铜离子内层配位后，由于氨分子空间位阻效应，使铜离子的配位数降低，形成稳定的扭曲平面四边形铜氨配位物种，从而抑制了铜离子的萃取；因此，在 pH > 6.5 时铜萃取率下降的主要原因就是水相溶液中铜离子配位构型的转变。

第 4 章　镍的萃取行为及微观机理

4.1　引　言

随着镍精矿的逐渐枯竭，开发和利用占总镍资源量 70% 以上的红土镍矿成为镍冶金工业面临的重要课题。氨浸提取技术在处理红土镍矿过程中具有广阔的应用前景[33, 212]，该技术已在澳大利亚镍工业的 Cawse 流程和 Caron 流程中应用[36, 213]；其中，氨性溶液中镍离子的分离富集受到国内外研究者的广泛关注。[214, 215] 从 20 世纪 70 年代起，溶剂萃取技术就开始用于镍、钴元素的分离。各种肟类和 β - 二酮类螯合萃取剂被开发用于氨性溶液中镍的萃取分离，如 LIX87QN[216]、LIX84I[217, 218]、LIX84 - INS[36]、DK - 16[77] 和 LIX54[87]。然而，与肟类萃取剂相比，β - 二酮类萃取剂在氨性溶液中萃取镍的研究较少，其萃取机理仍不清楚。

镍离子具有 d^8 电子构型，在溶液中可形成各种配位构型的镍配合物，如顺磁性的四面体构型和八面体构型[219]、反磁性的平面四边形构型[220]。氨性水溶液中，镍离子与氨配位形成各种镍氨水配位离子[149]，使镍离子的萃取行为变得非常复杂，且各种镍氨配位物种的结构和稳定性对萃取反应有明显的影响。目前，许多研究者采用各种结构表征方法对水合镍离子的结构进行了研究，但关于氨性水溶液中的镍氨配位物种的结构研究非常少，仅 H. Sakane 等采用 EXAFS 方法对六氨合镍配位离子的结构进行了初步分析[187]。同时，在氨性溶液中，镍离子被萃取时除与螯合萃取剂分子结合外，还可能与水分子和氨分子结合，形成各种水合及氨配位萃合物进入有机相，影响镍离子的萃取行为，但关于镍离子萃取过程中水和氨分子的共萃机制至今均不清楚。因此，深入研究氨性水溶液中镍离子及有机相中镍萃合物的结构和性质对解释镍的萃取机理和指导镍的萃取工艺具有重要意义。

本章以 β - 二酮（HA）为萃取剂，对氨 - 硫酸铵溶液中镍离子的萃取行为进行了考察，对有机相中水和氨的萃取行为进行了深入分析，采用 UV - Vis 光谱、IR 光谱和 X 射线吸收光谱等对萃取两相中的物种和结构进行了详细研究，从微观结构的角度解释氨性水溶液中镍离子的萃取机理。

4.2 镍离子的萃取研究方法

4.2.1 萃取平衡

氨性水溶液中镍的萃取平衡实验方法参见2.2节。其中,萃取剂HA的浓度为0.4 mol/L和0.8 mol/L。

水和氨的萃取平衡实验方法参见2.3节。其中,水相pH分别为7.5、8.5和9.5,萃取剂浓度为0.8 mol/L。

4.2.2 镍萃合物的合成

以含0.02 mol/L镍离子和1.0 mol/L硫酸铵的溶液为水相,调节溶液pH > 11,以含0.4 mol/L HA的正己烷为有机相,相比为10:1(水相/油相),25℃恒温搅拌30 min,得到绿色絮状产物。离心分离得到固体,用超纯水洗涤后,将其置于烧杯中用优级纯正己烷溶解,常温静置挥发溶剂,重结晶得到绿色针状晶体产物。

4.2.3 分析方法

水相和有机相中镍离子的浓度分析方法参见2.4.1。

有机相中水和氨的浓度分析方法分别参见2.4.3和2.4.4。

镍萃合物采用元素分析、核磁共振、UV-Vis光谱、IR光谱等方法进行表征。

采用UV-Vis、FT-IR和X射线吸收光谱表征有机相中镍萃合物的结构,水相中镍配位物种采用UV-Vis和X射线吸收光谱表征。

主成分分析方法和线性组分拟合方法分析XANES光谱的原理和步骤参见2.4.11。EXAFS光谱拟合程序及步骤参见2.4.11。水相镍配位物种的结构拟合采用$Ni(H_2O)_6(ClO_4)_2$、$Ni(NH_3)_6(NO_3)_2$为模型化合物;有机相中萃合物的结构拟合采用二水合乙酰丙酮镍为模型化合物。

4.2.4 量子化学计算

氨性水溶液中镍离子物种的构型优化、频率分析及单点能计算采用Gaussian 03软件[193]完成,计算过程在中南大学高性能计算平台进行。采用B3LYP方法,选择6-31G(d)基组优化镍离子的三重态稳定构型,优化过程中不限制其结构的对称性,得到的所有平衡构型的频率均为实频。以优化得到的稳定构型为初始模型,选择6-311+G(d, p)基组计算镍离子的单点能。不同镍氨水配位离子的稳定性采用稳定化能(ΔE)表示:

$$\Delta E = E_{Ni(NH_3)_n(H_2O)_{6-n}^{2+}} - E_{Ni^{2+}} - nE_{NH_3} - (6-n)E_{H_2O} \quad (n = 0 \sim 6) \quad (4-1)$$

4.3 氨性溶液中镍的萃取行为

本节主要考察了萃取剂浓度、水相 pH 和总氨浓度等因素对氨性水溶液中镍离子萃取平衡的影响。

4.3.1 水相 pH 的影响

当水相硫酸铵浓度为 1 mol/L、镍离子浓度为 0.02 mol/L，萃取剂浓度分别为 0.4 mol/L 和 0.8 mol/L 时，镍萃取百分率与水相初始 pH(pH_{ini})的关系和镍萃取分配比与水相平衡 pH(pH_{eq})的关系分别如图 4-1(a)和(b)所示。由图 4-1(a)可以看出，氨性溶液中镍离子的萃取对水相 pH 非常敏感；在不同萃取剂浓度下，镍离子的萃取率均随 pH 增加而增大，在 pH 约 8.4 时达到最大后逐渐下降，但在 pH>9.5 后镍萃取率又开始显著增加。M. Tanaka 等[218]采用 LIX84I 从氨性溶液中萃取镍时也发现完全类似的萃取规律。而且，O. Clause 等[221]在采用 SiO_2 吸附氨性溶液中的镍离子时，也发现类似的规律；但 F. Alguacil 等采用 LIX54 萃取镍时，在 9<pH<10 时镍萃取率急剧降低，并没有发现萃取率重新增大的现象[87]。这些结果表明，氨性水溶液中镍氨配位物种的生成显著影响镍的萃取和吸附行为。虽然一些研究者认为镍氨配位物种不可萃取[90]，但增大萃取剂浓度可显著提高这些物种的分配比，当萃取剂浓度从 0.4 mol/L 增大到 0.8 mol/L 时，在 pH =9.5 时镍离子萃取率从 30% 增大到 70%，表明镍氨配位物种可直接参与萃取反应。值得注意的是，虽然 pH>10 时镍萃取率显著提高，但此时有机相中的镍萃合物很容易结晶析出，不利于实际应用。

由图 4-1(b)可以看出，在 pH_{eq}<8.4 时，氨性水溶液中镍萃取平衡 pH 与 $\lg D$ 图中该段直线的斜率低于理论值 2，这主要是由于水相 pH 不但影响萃取平衡，同时影响水相中铵-氨平衡和镍氨配位平衡。水相中 pH 的变化(ΔpH)规律可以很好地解释其中的原因，如图 4-2 所示，在 pH<7.5 时，ΔpH 随 pH 增大而增加，主要是因为萃取过程产生的氢离子降低了平衡 pH，且在此 pH 范围内萃取率随 pH 升高而显著增加；在 7.5<pH<8.4 时，ΔpH 随 pH 增大迅速降低，这是由于 pH 增大促进了 NH_4^+ 向氨的转变，氨的中和作用使平衡 pH 逐渐升高；当 pH>8.4 时，ΔpH 随 pH 增大缓慢增加，虽然此时镍的萃取率已明显降低，但由于水相 pH 接近萃取剂的 pK_a，解离产生的氢离子降低了平衡 pH。而且，当 pH>8.4 时该段直线斜率变为负值，说明镍氨物种的生成对镍的萃取具有明显的抑制作用，H. Koshimura 等[222]将其归因于水相中氨的掩蔽作用；然而，需要对水相镍氨物种及其结构进行深入分析才可以解释其本质原因。

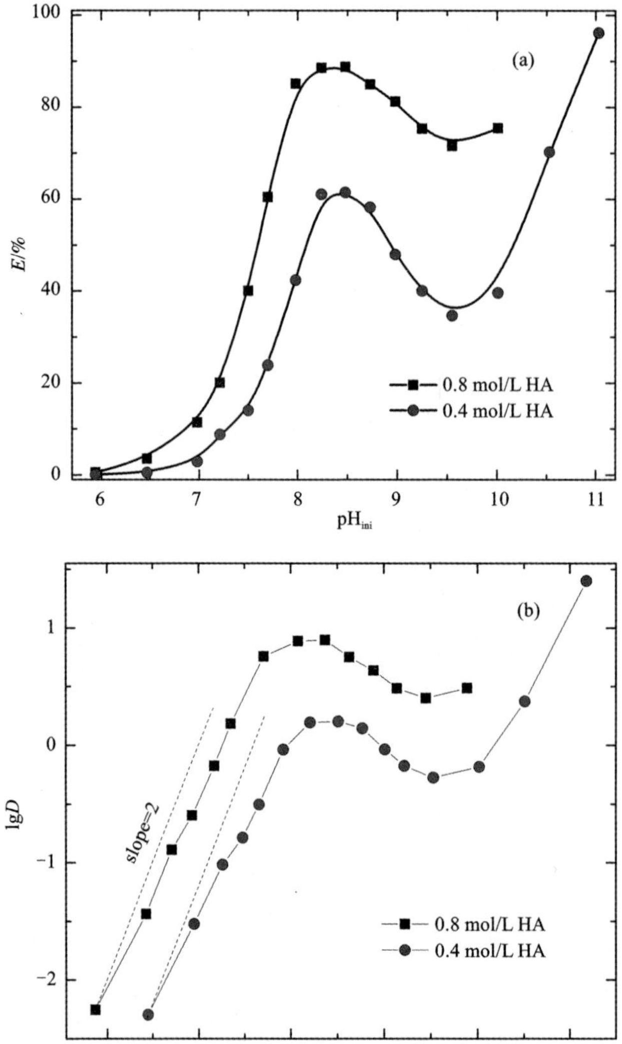

图 4-1　不同萃取剂浓度下 pH 对镍萃取的影响

（a）初始 pH 与镍萃取百分率的关系；（b）平衡 pH 与镍分配比的关系

Fig. 4-1　pH dependance of nickel extraction at different HA concentrations

（a）the relationship between %E and pH$_{ini}$；（b）the relationship between lg$D$ and pH$_{eq}$

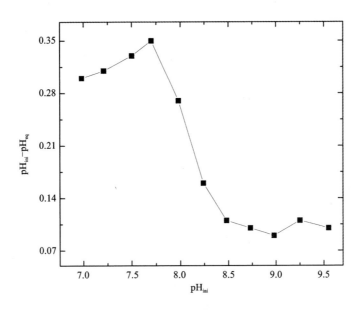

图 4 – 2 不同萃取剂浓度下 ΔpH 与初始 pH 的关系

Fig. 4 – 2 The relationship between ΔpH and pH$_{ini}$ at different HA concentrations

4.3.2 萃取剂浓度的影响

为了进一步分析不同 pH 下有机相中的镍萃合物物种，在水相硫酸铵浓度为 1 mol/L、镍离子浓度为 0.02 mol/L 的条件下，分别研究了 pH = 7.5、8.5 和 9.5 的镍氨溶液中萃取剂浓度与镍分配比的关系，结果如图 4 – 3 所示。

由图可以看出，三个 pH 下的 lg$D$ 与 lg[HA] 的斜率分别为 2.27、2.27 和 2.14，表明在氨性水溶液中每个镍离子与两个 β – 二酮分子结合，形成萃合物 NiA$_2$，无 NiA$_2$·HA 等缔合物种产生；该化学计量比与 LIX54[87]、LIX84I[218] 等萃取体系萃取镍时的结果一致。同时，三个 pH 下具有镍萃合物类似的计量比，表明水相 pH 对有机相中镍与 β – 二酮的配位状态没有影响。

4.3.3 离子强度和氨浓度的影响

在镍离子浓度为 0.02 mol/L、水相初始硫酸铵浓度为 0.5 mol/L 条件下，分别加入硫酸铵和硫酸钠，配制 pH 为 8.5 的硫酸铵、硫酸钠与硫酸铵混合水相溶液各 5 组，维持溶液总离子强度分别为 1.5 mol/L、2.25 mol/L、3 mol/L、3.75 mol/L 和 4.5 mol/L。在萃取剂浓度为 0.4 mol/L 时，水相离子强度及总氨浓度与镍分配比的关系如图 4 – 4 所示。由图 4 – 4(a) 可知，在 pH = 8.5 时，加入硫

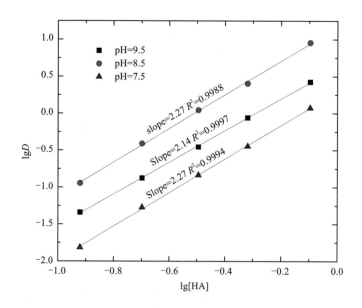

图 4 - 3   不同 pH 下萃取剂浓度对镍萃取的影响

Fig. 4 - 3   The relationship between lg$D$ and HA concentration

酸钠使镍分配比略微增加，这是由于硫酸钠的盐析效应降低了水的活度，使水合镍离子的水合程度降低，促进了镍离子的萃取。然而，加入硫酸铵使镍分配比显著降低；从图 4 - 4（b）可知，在硫酸铵单一体系中，在 pH 8.5 时镍分配比随总氨浓度增大而线性降低，表明在 pH = 8.5 的硫酸铵溶液中，镍的萃取行为受盐析效应影响较小，其主要原因是增大了水相中自由氨浓度，促进了镍氨配合离子的生成，从而抑制了镍离子的萃取[77]。

4.4   水和氨的萃取行为

由于镍离子的配位结构比较灵活，在萃取过程中两个 HA 分子与镍离子结合后还存在空的配位空间，因此水相中的水分子和氨分子可能与镍萃合物结合进入有机相[194]，从而影响镍离子的萃取。

4.4.1   水的萃取行为

以 0.8 mol/L 的 HA/壬烷溶液为有机相，分别从 pH = 7.5、8.5 和 9.5 的氨性溶液中萃取镍，图 4 - 5 为不同 pH 下萃取有机相中水浓度与镍浓度的关系。由图可知，在无镍离子存在时，有机相中含有少量的水分子，这主要是源于水分子与

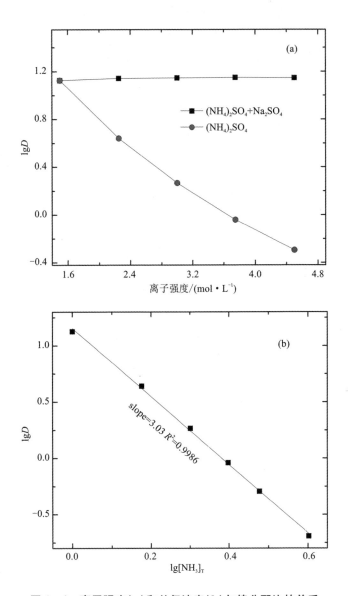

图 4 - 4　离子强度(a)和总氨浓度(b)与镍分配比的关系

Fig. 4 - 4　The relationship between lg*D* and ionic strength or total ammonia concentration

β - 二酮分子通过氢键作用进入有机相;当萃取镍离子时,有机相中水的浓度随镍浓度增大而线性增加;而且,随着水相 pH 增大,镍萃合物中水分子的平均配位数增大,表明水分子可能通过配位或缔合的方式,与镍萃合物形成水合镍萃合物进入有机相。在镍萃取过程中,由于与萃取剂以氢键缔合的水分子可能发生解离进入水相，导致镍萃合物的平均配位数偏低，因此上述结果无法反映镍萃合物中的水分子真实配位行为，尤其是水分子在镍萃合物的外层或内层配位并不明确，因而需要采用结构研究方法对其深入研究。毫无疑问，水合镍萃合物的生成使 β - 二酮镍配合物的疏水性降低，抑制了镍萃合物在碳氢有机溶剂中的溶解，这也可能是氨性溶液中铜、镍萃取行为差异的原因之一；虽然 Cu、Ni 均有 d 电子轨道参与杂化，与 β - 二酮形成稳定的配合物，但水合作用对镍的萃取具有明显影响。

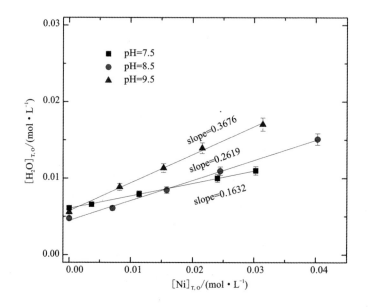

图 4 – 5　有机相中水浓度与镍浓度的关系

Fig. 4 – 5　The concentration relationship between water and nickel in organic phase

4.4.2　氨的萃取行为

图 4 – 6 为不同 pH 下萃取有机相中氨浓度与镍浓度的关系。由图可知，在无镍离子存在时，β - 二酮自身不萃氨；但在镍萃取过程中，有机相中氨含量随镍浓度的增大呈线性增加，表明氨分子可与镍萃合物配位或缔合，生成氨合萃合物共萃进入有机相；在 pH = 7.5、8.5 和 9.5 时，其拟合直线的斜率分别为 0.663、1.056 和 1.025，该斜率值反映了萃合物中氨的平均配位数[106]，该斜率随 pH 升高逐渐增加，表明水相中氨浓度增大促进了氨与镍萃合物的配位或缔合；但 pH 分别为 8.5 和 9.5 时，氨的平均配位数均为 1，表明有机相中镍萃合物与氨具有 1:1 的计量关系；这一结果与 D. Flett 等[106]报道的结果一致，当以 LIX54 为萃取剂从

pH =9.0 的硫酸铵溶液(1.0 mol/L)中萃取镍时，镍萃合物与氨形成 1:1 的配合物。然而，H. Koshimura 等[222]在用 2 - 异丁酰基甲烷(β - 二酮)为萃取剂从氨性溶液中萃取镍时，发现镍萃合物与氨形成 1:2 的配合物进入有机相。以上结果表明，萃取剂的结构改变对镍萃合物中氨的配位行为具有明显影响，可能 LIX54 和本研究采用的 β - 二酮空间位阻效应较大，不利于两个氨分子同时配位。

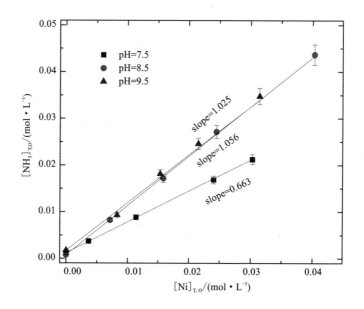

图 4 - 6　有机相中氨浓度与镍浓度的关系

Fig. 4 - 6　The concentration relationship between ammonia and nickel in organic phase

4.5　萃合物微观结构分析

以上实验结果表明，氨性溶液中镍的萃取行为非常复杂。本节主要采用元素分析、核磁共振、UV - Vis 光谱、FT - I 光谱和 X 射线吸收光谱法等分别对结晶析出的固体萃合物和有机相中的镍萃合物的结构进行表征，从微观角度解释氨性水溶液中镍离子的萃取行为。

4.5.1　镍萃合物的组成

由 4.2.2 的实验方法合成得到绿色针状镍萃合物固体。采用元素分析仪测定镍萃合物的 C、H、O、N 元素含量，其中镍含量采用化学滴定分析，表 4 - 1 为固体镍萃合物的元素分析结果。由有机相中水和氨的萃取分析结果可知，镍萃合物可能分别与 1 个或 2 个水分子及氨分子配位，形成八面体构型配位结构，可能的分子式为 $NiA_2 \cdot 2H_2O$、$NiA_2 \cdot 2NH_3$ 和 $NiA_2 \cdot H_2O \cdot NH_3$，对比三种推测的萃合物分子的理论计算值与实验值可以发现，镍萃合物的分子式应为 $NiA_2 \cdot H_2O \cdot NH_3$，萃合物中仅有一个氨分子，与前文有机相中氨配位分析结果一致。

表 4 - 1　固体镍萃合物的元素分析结果

Table 4 - 1　The results of elemental analysis of solid nickel extract

元素	镍萃合物 (exp. %)	$NiA_2 \cdot H_2O \cdot NH_3$ (calc. %)	$NiA_2 \cdot 2H_2O$ (calc. %)	$NiA_2 \cdot 2NH_3$ (calc. %)
Ni	9.48	10.05	10.04	10.07
C	66.12	65.79	65.68	65.90
H	8.16	8.05	7.87	8.24
O	13.54	13.71	16.42	10.98
N	2.61	2.4	0	4.81

4.5.2　镍萃合物的 NMR 谱

图 4 - 7 为固体镍萃合物与萃取剂 HA 的 ^1H NMR 谱对比。结果表明，萃取剂与镍配位后，在 $\delta = 16.38$ ppm 处烯醇式结构中的羟基质子氢峰消失，表明 β - 二酮烯醇式结构参与镍萃合物配位。同时，在 $\delta = 3.38$ ppm 和 9.94 ppm 处出现 2 个新的宽峰，该峰分别归属于镍萃合物中配位的水分子和氨分子中的氢，由于水分子和氨分子在八面体镍萃合物的轴向配位，稳定性较差，导致 ^1H NMR 峰的宽化。

4.5.3　紫外 - 可见吸收光谱

在水相 pH = 8.5 时，以 0.8 mol/L HA 萃取镍，得到含镍萃合物有机相。将萃取前后的有机相均稀释 40000 倍，以壬烷为参比，测得萃取前后有机相的紫外吸收光谱，如图 4 - 8(a) 所示。245 nm 和 309 nm 处的吸收峰分别归属于 β - 二酮配体的苯甲酰基和烯醇式异构体中羰基与乙烯基共轭体系的 $\pi \rightarrow \pi^*$ 跃迁[195]；与镍离子配位后，在 309 nm 处的吸收峰蓝移至 300 nm 处，这一现象与铜萃合物的紫外光谱相反，其原因主要是由于铜、镍离子的电子结构和萃合物结构的差异。由于镍离子 d 电子层有空的轨道，在可见光区有特征吸收峰，但图中仅在 410 nm 处附近出现一个弱的吸收带，这是由于金属离子的 d - d 电子跃迁通常比配体的 n - π 或 π - π^* 跃迁弱，在配体的强吸收峰下很难观察到镍离子的跃迁吸收。因

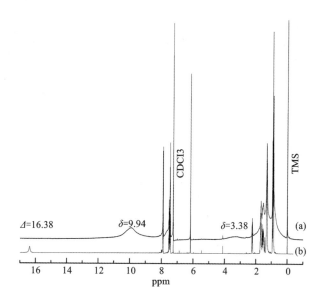

图 4 - 7　固体镍萃合物与萃取剂的 ^{1}H NMR 谱对比

Fig. 4 - 7　Comparison of ^{1}H NMR spectroscopy between extractant and solid nickel extract

此,采用萃取前有机相为参比,直接测定了 pH = 7.5、8.5 和 9.5 时含镍萃取有机相的可见光谱,如图 4 - 8(b)所示。在 390 ~ 470 nm 处出现一个非常强的吸收峰,这是由于 HA 分子与镍离子间发生电荷转移产生的特征峰,在 640 nm 处附近的弱吸收峰归属于镍离子的 d - d 跃迁。由图可以看出,萃取有机相的 d - d 跃迁最大吸收峰位置随 pH 升高发生蓝移,表明萃取有机相中镍萃合物的结构随 pH 变化发生改变,这主要归因于不同 pH 下萃合物中水分子和氨分子的配位差异。

4.5.4　红外光谱分析

分别在水相 pH = 7.5、8.5 和 9.5 时,以 0.8 mol/L HA 萃取镍,得到含镍萃合物有机相,图 4 - 9 为有机相萃取前后的红外光谱比较。由图可以看出,有机相负载镍后,镍萃合物在 1429 cm^{-1} 和 1519 cm^{-1} 处出现较明显的特征吸收峰。同时,萃取有机相在 3412 cm^{-1} 和 3367 cm^{-1} 处出现了新的吸收峰,该峰分别归属于水分子和氨分子的特征吸收,表明水分子和氨分子被萃取进入有机相中。由于有机相中 β - 二酮配体与镍萃合物的相对浓度较高,在复杂的红外光谱中很难分辨配体与镍配合物的结构变化。水分子和氨分子参与配位,使镍萃合物的疏水性大大降低,当镍萃合物在非极性溶剂中达到饱和容量后,容易结晶析出,从而可直接分析固体镍萃合物的红外光谱。

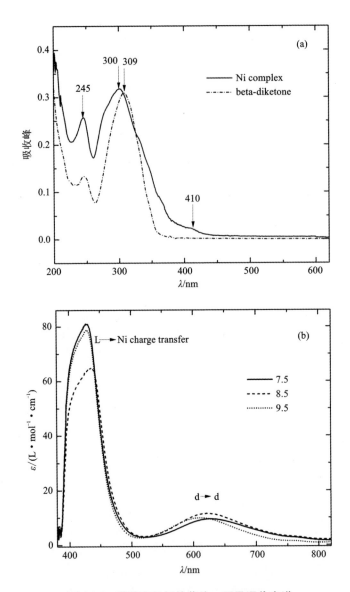

图 4 - 8 萃取有机相的紫外 - 可见吸收光谱

(a) pH = 8.5 时有机相萃取前后紫外光谱比较(壬烷为参比)

(b) 不同 pH 下萃取有机相的可见吸收光谱(以萃取前有机相为参比)

Fig. 4 - 8 UV - Vis spectroscopy of the extracted organic phase

(a) UV - Vis spectroscopy of organic phase before and after extraction, reference with nonane

(b) UV - Vis spectroscopies of the organic phase at different pH, reference with fresh organic phase

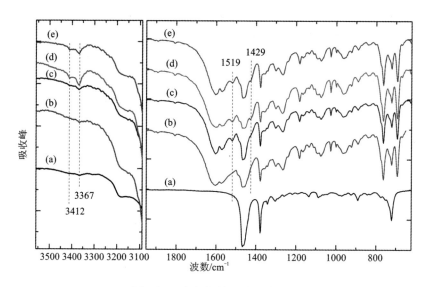

图 4 – 9　有机相的红外吸收光谱

(a)壬烷溶剂；(b)萃取前有机相；(c)pH = 7.5 萃取有机相；

(d)pH = 8.5 萃取有机相；(e)pH = 9.5 萃取有机相

Fig. 4 – 9　FT – IR spectroscopy of the organic phase

(a)nonane；(b)fresh organic phase；(c)the extracted organic phase at pH = 7.5；

(d)the extracted organic phase at pH = 8.5；(d)the extracted organic phase at pH = 9.5

　　图 4 – 10 为获得的镍萃合物固体和纯 β – 二酮的红外光谱，图中明显反映出 β – 二酮与镍配位前后的结构变化。其中，纯 β – 二酮在 3440 cm^{-1} 处具有明显的烯醇式结构的羟基伸缩振动峰，而镍萃合物在 3277 cm^{-1} 和 3366 cm^{-1} 处出现新的特征吸收峰，尤其是在 3399 cm^{-1} 处出现弱的分裂峰，文献[223]表明该特征峰源于氨分子的反转分裂，从而证实了镍萃合物中氨分子的存在；由于 ν_{O-H} 和 ν_{N-H} 的谱带相互重叠，3440 cm^{-1} 处的配位水分子的羟基伸缩振动也应包含在宽的振动峰中。β – 二酮与镍配位后，由于发生电荷转移，使 β – 二酮配体中的原子间键能减弱，从而导致配体在 1604 cm^{-1}、1572 cm^{-1}、1460 cm^{-1} 处的特征振动频率分别红移至 1594 cm^{-1}、1562 cm^{-1} 和 1451 cm^{-1}，而且在 1518 cm^{-1} 和 1482 cm^{-1} 处出现明显的 β – 二酮镍螯合环的特征峰，主要归属于 Ni 原子与烯醇式 β – 二酮中羰基氧和羟基氧原子形成螯合环后产生的振动吸收。

4.5.5　有机相的 X 射线吸收光谱

　　采用 X 射线吸收光谱对有机相中镍的配位结构进行分析，以解释水分子和氨分子在镍萃合物中的配位行为。其中，有机相中镍萃合物的 X 射线吸收光谱采用

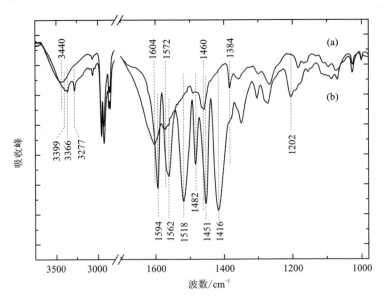

图 4 – 10　萃取剂(a)与镍萃合物(b)的红外吸收光谱对比

Fig. 4 – 10　Comparison of ^{1}H NMR spectroscopy between extractant(a) and solid nickel extract(b)

荧光模式测定,镍配合物固体的 X 射线吸收光谱采用透射模式测定。图 4 – 11 为不同 pH 下有机相中镍萃合物及镍萃合物固体的归一化 Ni K 边 XANES 光谱。

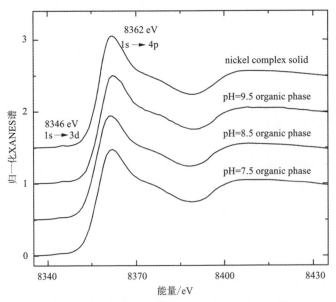

图 4 – 11　萃取有机相的归一化 Ni K 边 XANES 光谱

Fig. 4 – 11　Normalized Ni K edge XANES spectroscopy of the extracted organic phase

由图 4 - 11 可以看出，三个 pH 下萃取有机相的 XANES 光谱完全相同，且与镍萃合物固体的 XANES 光谱一致，表明不同 pH 氨性溶液中的镍萃合物具有相同的配位结构，且结晶析出的镍萃合物固体与溶液中镍萃合物的结构相同。在 8346 eV 处出现弱的边前吸收峰，归属于 1s→3d 电子跃迁，而 8362 eV 处附近强的吸收峰（白线峰）归属于 $1s→4p_{x^2-y^2}$ 电子跃迁，无 $1s→4p_{z^2}$ 电子跃迁产生。文献表明[224]，当镍配合物具有高度对称的构型时，1s→3d 电子跃迁本应禁阻跃迁；但当对称性降低或配体无序度增大或镍离子与配体发生 d - p 轨道杂化后，也可产生弱的吸收峰。而且，有无边前 $1s→4p_{z^2}$ 电子跃迁通常可用于定性判断镍配合物的构型，当无该跃迁峰时，镍配合物具有典型的八面体构型[220]。因此，上述 XANES 光谱特征表明镍萃合物具有八面体构型，水和氨分子在镍萃合物轴向参与配位。

图 4 - 12 为不同 pH 下有机相中的镍萃合物及镍萃合物固体的 k^3 - 加权 Ni K 边 EXAFS 光谱。虽然拟合 EXAFS 光谱可获得镍萃合物的结构参数，但与结晶析出的镍萃合物相比，不同 pH 下有机相中镍萃合物的 EXAFS 光谱的信噪比很差，无法对溶液样品的数据进行拟合。由 XANES 光谱结果可知，结晶析出的镍萃合物与有机相中镍萃合物的结构一致；因此，可对其进行拟合得到溶液中镍萃合物的结构参数。以二水合乙酰丙酮镍为模型化合物对固体镍萃合物 EXAFS 光谱进行拟合，拟合过程中分别考虑 $Ni—O_1$、$Ni—O_2$、$Ni—C_1$、$Ni—C_2$、$Ni—C_3$ 五条单重散射路径的贡献，如图 4 - 13 所示。

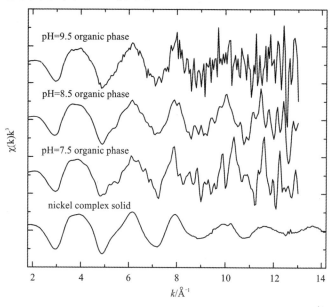

图 4 - 12　镍萃合物 k^3 - 加权 Ni K 边 EXAFS 光谱

Fig. 4 - 12　Cu K edge k^3 - weighted EXAFS of nickel extracts

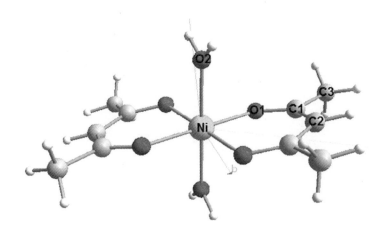

图 4 – 13　镍萃合物 EXAFS 拟合模型化合物结构及散射路径

Fig. 4 – 13　Model of nickel extract for EXAFS fitting and the scattering paths

　　图 4 – 14 为固体镍萃合物 k^3 – 加权 Ni K 边 EXAFS 光谱和傅里叶变换谱。从傅里叶变换谱中可以看出，在 1.59 Å、2.32 Å、2.81 Å、3.49 Å 处分别具有 4 个明显的吸收峰；其中，1.59 Å 处的强吸收峰对应于镍萃合物中最近邻配位原子的贡献，包含 β – 二酮配体中的四个 O 原子和配位水分子及氨分子中的 O/N 原子（Ni—O/N）；其余吸收峰分别对应于 β – 二酮配体外层碳原子的贡献。拟合过程中，分别固定上述 Ni—O_1、Ni—C_1、Ni—C_2 单重散射路径的数量为 4、4、2，拟合得到镍萃合物各配位层的平均配位数 N、平均距离 r、Debye – Waller 因子和能量位移等参数，拟合结果如表 4 – 2 所示。

表 4 – 2　固体镍萃合物 k^3 – 加权 Ni K 边 EXAFS 光谱拟合结果 *

Table 4 – 2　The best fitting parameters of EXAFS spectra of solid nickel extract

壳层	$N^{a,}$	r^b	$\sigma^2/(\times 10^{-3})^c$	ΔE_0^d	$R/\%^e$
Ni – O_1	4^f	2.00(1)	4.9(9)	1.6(5)	
Ni – O_2/N	1.8(4)	2.09(2)	4.4(3)	2.9(3)	
Ni – C_1	4^f	2.91(2)	7.7(1)	1.6(6)	2.2
Ni – C_2	2^f	3.24(2)	6.7(3)	1.6(6)	
Ni – C_3	13.1(2)	4.38(1)	11.9(3)	1.6(6)	

　　* 拟合范围：$\Delta k = 2.4 \sim 14.1$ Å^{-1}，$\Delta R = 1.0 \sim 4.5$ Å；括号内的值为统计不确定度；

　　a 为配位数；b 为平均键长（Å）；c 为 Debye – Waller 因子（Å^2）；d 为能量位移（eV）；e 为拟合因子；f 为固定参数

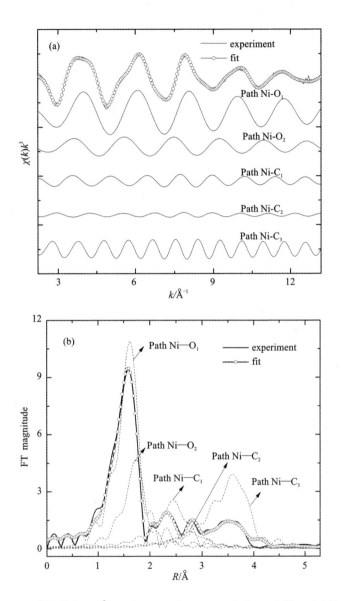

图 4 – 14 固体镍萃合物 k^3 – 加权 Ni K 边 EXAFS 光谱(a)和傅里叶变换谱(b)

Fig. 4 – 14 Ni K edge k^3 – weighted EXAFS (a) and their Fourier transforms (b) of solid nickel extract. Phase shifts on FTs are not corrected

EXAFS 分析结果表明, 镍萃合物中 Ni 原子与 β – 二酮中配位氧原子的距离为 2.00 Å, 与轴向配位水分子和氨分子的配位距离为 2.09 Å, 前者的配位距离明显小于后者，表明镍萃合物的八面体构型发生变形，这是由于 β – 二酮配位与镍原子形成螯合环，使 Ni—O 原子间距离缩短；外层碳原子配位距离分别为 2.91 Å、3.24 Å、4.38 Å。

4.6　水相中镍离子物种及其结构研究

4.6.1　水相中镍离子物种分布

当向含有镍离子的水溶液中加入氨水时，形成各种稳定的镍氨配位离子，如 $Ni(NH_3)_n^{2+}$（$n = 1 \sim 6$），溶液的颜色由绿色逐渐变为深蓝色[149]，20℃时镍氨配合物的逐级稳定常数分别为 2.89、5.23、7.06、8.35、9.20 和 9.33[180, 202, 203]。在镍浓度为 0.02 mol/L、硫酸铵浓度为 1.0 mol/L 及忽略镍离子水解的条件下，采用 IUPAC 物种计算软件 SCDB 2005[204] 计算得到氨性溶液中镍氨配离子物种分布与 pH 的关系，如图 4 – 15 所示。

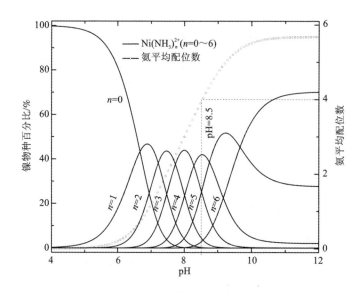

图 4 – 15　氨性溶液中镍氨配离子物种分布图

Fig. 4 – 15　Distribution of nickel species in the aqueous phase as a function of pH

由图可知，在 pH > 5 时开始生成镍氨配位离子，溶液中各级 $Ni(NH_3)_n^{2+}$（$n = 1 \sim 6$）的相对含量分别在溶液 pH 为 6.9、7.5、8.0、8.5、9.2 和 11 时达到最大。P. Varadwaj 等采用 DFT 方法计算了各种镍氨水配位物种的结构，发现水合镍离子的水分子被氨分子逐级取代时，镍氨配离子物种的稳定化能每次增大约

$(7 \pm 2)\,\mathrm{kcal/mol}^{[149]}$。因此，镍氨物种的生成抑制了镍离子与 β - 二酮的配位反应，从而降低了镍离子的萃取率。如前所述，在 $8.5 < \mathrm{pH} < 9.5$ 时镍离子的萃取率明显降低，结合镍氨配离子物种分布推测，这一现象可能主要与 $\mathrm{Ni(NH_3)_5^{2+}}$ 和 $\mathrm{Ni(NH_3)_6^{2+}}$ 的生成有关。

4.6.2　水相中镍氨配离子的 UV - Vis 光谱

图 4 - 16 为含 $0.02\,\mathrm{mol/L}\ \mathrm{Ni^{2+}}$ 和 $1.0\,\mathrm{mol/L}$ 硫酸铵的溶液在不同 pH 的紫外可见吸收光谱。由图可以看出，pH < 6 的酸性溶液吸收光谱基本一致，分别在 394 nm、654 nm 和 728 nm 处出现三个吸收峰，此时溶液中优势物种为 $\mathrm{Ni(H_2O)_6^{2+}}$，因此 394 nm 处吸收峰由水分子与镍离子间的电荷转移产生，654 nm 和 728 nm 处的吸收峰为镍离子 d - d 电子跃迁产生。随着溶液 pH 的升高，394 nm 和 654 nm 处的最大吸收峰波长发生蓝移，当 pH = 10 时已分别蓝移至 360 nm 和 581 nm 处，其吸收峰强度也逐渐增强，但 728 nm 处的吸收峰逐渐消失，表明氨分子逐级取代镍离子的水合水分子后，氨分子更强的供电子作用使其与镍离子发生强的相互作用，使镍氨配位离子的电子光谱蓝移，但紫外可见吸收光谱特征很难直接分析镍氨配离子物种配位构型的变化规律。

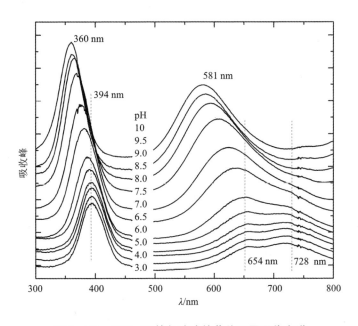

图 4 - 16　不同 pH 镍氨溶液的紫外可见吸收光谱

Fig. 4 - 16　UV - Vis spectroscopy of nickel ammonia solution at different pH

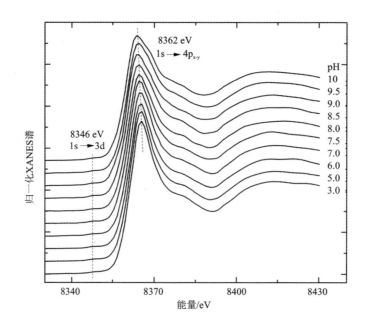

图 4-17 不同 pH 镍氨水溶液的归一化 Ni K 边 XANES 光谱

Fig. 4-17 Normalized Ni K edge XANES spectroscopy of the aqueous phase at different pH

4.6.3 水相中镍氨配离子的 XANES 光谱

图 4-17 为含 0.02 mol/L Ni^{2+} 的 1.0 mol/L 硫酸铵溶液在不同 pH 下的归一化 Ni K 边 XANES 光谱。由图可以看出，随着水相 pH 的增加，溶液中镍离子的 XANES 光谱特征基本相同，表明氨分子逐级取代水合镍离子的水分子后，其配位结构基本不发生变化。不同 pH 下的 XANES 光谱均在 8346 eV 处出现一个弱的边前吸收峰，该峰归属于镍离子的 1s→3d 电子跃迁，在 8362 eV 处出现一个强的对称吸收峰（白线峰），归属于铜离子的 $1s→4p_{x2-y2}$ 电子跃迁，无边前 $1s→4p_{z2}$ 电子跃迁，这些光谱特征表明氨性溶液中镍离子均为八面体构型[224]。

4.6.4 EXAFS 光谱分析

为进一步证实镍氨溶液中镍离子的配位结构，分别以 $Ni(H_2O)_6(NO_3)_2$ 和 $Ni(NH_3)_6(NO_3)_2$ 为模型化合物拟合水相溶液中镍离子的 EXAFS 光谱，图 4-18 为 pH=3.0 和 9.0 的镍氨溶液的 k^3-加权 Ni K 边 EXAFS 光谱和傅里叶变换谱，相应的拟合结果如表 4-3 所示。结果表明，镍离子在酸性溶液和氨性溶液中均具有六配位结构，Ni—O 和 Ni—N 原子间平均距离分别为 2.05 Å 和 2.16 Å，由于氨分子比水分子具有更大的体积，使 Ni—N 比 Ni—O 原子间距离增大约 0.09 Å。

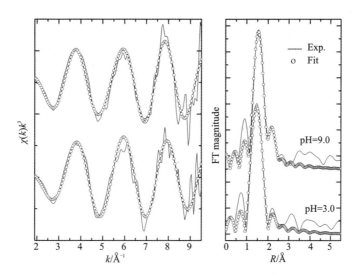

图 4 - 18　镍氨溶液 k^3 - 加权 Ni K 边 EXAFS 光谱和傅里叶变换谱

Fig. 4 - 18　Ni K edge k^3 - weighted EXAFS (left) and their Fourier transforms (right) of nickel species in the aqueous phase. Phase shifts on FTs are not corrected

表 4 - 3　镍氨溶液 k^3 - 加权 Ni K 边 EXAFS 光谱拟合结果[*]

Table 4 - 3　The best fitting parameters of EXAFS spectra of nickel species in the aqueous phase

样品	壳层	N^a	r^b	$\sigma^2/(\times 10^{-3})^c$	ΔE_0^d	$R/\%^e$
pH = 3.0	Ni—O	5.9(6)	2.05(2)	3.7(3)	3.1(7)	9.5%
pH = 9.0	Ni—N	6.5(6)	2.16(1)	5.5(6)	4.3(5)	7.4%

[*] 拟合范围：$\Delta k = 2.1 \sim 9.3$ Å^{-1}，$\Delta R = 1.0 \sim 2.5$ Å；括号内的值为统计不确定度；

a 为配位数；b 为平均键长(Å)；c 为 Debye - Waller 因子(Å^2)；d 为能量位移(eV)；e 为拟合因子。

4.6.5　镍氨配离子的量子化学计算

由水相镍离子的 EXAFS 光谱结果可知，镍离子的近邻配位构型不随溶液 pH 增加而发生改变，均以八面体构型存在。采用 DFT 方法计算各镍氨水配位离子的结构和能量，以进一步分析水相各镍离子物种对萃取过程的影响。图 4 - 19 为八面体构型镍氨水配位离子的最优化构型，其 Ni—N 和 Ni—O 平均距离如表 4 - 4 所示。结果表明，镍的配位离子均以稳定的八面体构型存在，$[Ni(H_2O)_6]^{2+}$ 的 Ni—O 平均距离为 2.061 Å，与上述 EXAFS 光谱拟合结果接近。

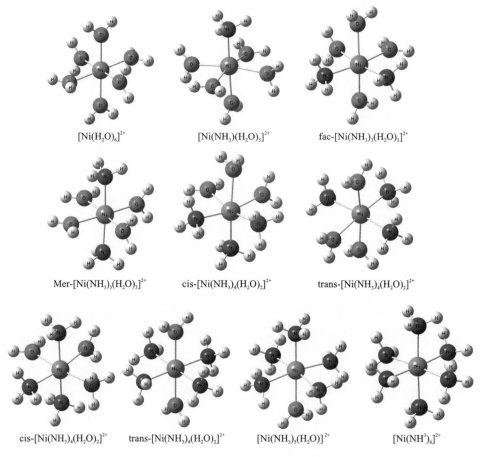

$[Ni(H_2O)_6]^{2+}$ $[Ni(NH_3)(H_2O)_5]^{2+}$ fac-$[Ni(NH_3)_3(H_2O)_3]^{2+}$

Mer-$[Ni(NH_3)_3(H_2O)_3]^{2+}$ cis-$[Ni(NH_3)_4(H_2O)_2]^{2+}$ trans-$[Ni(NH_3)_4(H_2O)_2]^{2+}$

cis-$[Ni(NH_3)_4(H_2O)_2]^{2+}$ trans-$[Ni(NH_3)_4(H_2O)_2]^{2+}$ $[Ni(NH_3)_5(H_2O)]^{2+}$ $[Ni(NH^3)_6]^{2+}$

图 4 – 19 八面体构型镍氨水配位离子的最优化构型

Fig. 4 – 19 Theoptimum structure of octahedral nickel – ammonia – water complex ions

表 4 – 4 八面体构型镍氨水配位离子的平均键长(d, Å)

Table 4 – 4 Mean bond length ofoctahedral nickel – ammonia – water complex ions (d, Å)

物种	平均 d_{Ni-O}	平均 d_{Ni-N}
$[Ni(H_2O)_6]^{2+}$	2.061	—
$[Ni(NH_3)(H_2O)_5]^{2+}$	2.087	2.068
cis – $[Ni(NH_3)_2(H_2O)_4]^{2+}$	2.117	2.098
trans – $[Ni(NH_3)_2(H_2O)_4]^{2+}$	2.127	2.100
fac – $[Ni(NH_3)_3(H_2O)_3]^{2+}$	2.157	2.117

续表 4 - 4

物种	平均 d_{Ni-O}	平均 d_{Ni-N}
mer - $[Ni(NH_3)_3(H_2O)_3]^{2+}$	2.166	2.117
cis - $[Ni(NH_3)_4(H_2O)_2]^{2+}$	2.208	2.134
trans - $[Ni(NH_3)_4(H_2O)_2]^{2+}$	2.174	2.138
$[Ni(NH_3)_5(H_2O)]^{2+}$	2.278	2.169
$[Ni(NH_3)_6]^{2+}$	—	2.173

当氨分子逐级取代水合镍离子中的水分子后，镍氨水配位离子的构型不发生明显改变，但随着氨分子配位数的增加，Ni—O 和 Ni—N 原子间距离逐渐增大，在 $[Ni(NH_3)_5(H_2O)]^{2+}$ 中的 Ni—O 键长已增大到 2.278Å，而 $[Ni(NH_3)_6]^{2+}$ 的 Ni—N 原子间距离由 $[Ni(NH_3)_5(H_2O)]^{2+}$ 的 2.068Å 增大到 2.173Å，这主要是由于氨分子比水分子具有更大的空间位阻效应。

表 4 - 5　八面体构型镍氨水配位离子的稳定化能（ΔE, kcal/mol）

Table 4 - 5　Stabilization energy of octahedral nickel - ammonia - water complex ions（ΔE, kcal/mol）

物种	$E(a.u.)$	$\Delta E/(kcal \cdot mol^{-1})$
$[Ni(H_2O)_6]^{2+}$	- 1966.59733	- 397.82
$[Ni(NH_3)(H_2O)_5]^{2+}$	- 1946.73554	- 406.72
cis - $[Ni(NH_3)_2(H_2O)_4]^{2+}$	- 1926.87343	- 415.41
trans - $[Ni(NH_3)_2(H_2O)_4]^{2+}$	- 1926.87040	- 413.51
fac - $[Ni(NH_3)_3(H_2O)_3]^{2+}$	- 1907.01137	- 424.14
mer - $[Ni(NH_3)_3(H_2O)_3]^{2+}$	- 1907.00877	- 422.51
cis - $[Ni(NH_3)_4(H_2O)_2]^{2+}$	- 1887.14515	- 430.26
trans - $[Ni(NH_3)_4(H_2O)_2]^{2+}$	- 1887.14445	- 429.82
$[Ni(NH_3)_5(H_2O)]^{2+}$	- 1867.27839	- 436.04
$[Ni(NH_3)_6]^{2+}$	- 1847.41101	- 441.42

表 4 - 5 为镍氨水配位离子的稳定化能 ΔE。结果表明，每个氨分子取代水合镍离子中的水分子后，镍氨水配位离子的稳定化能增加约 9 kcal/mol。P. Varadwaj 等采用 DFT 方法计算镍氨水配位物种的结构，发现水合镍离子的水分子被氨分子逐级取代后，每次镍氨配位离子的稳定性增大约（7 ± 2）kcal/mol[149]。

$[Ni(NH_3)_6]^{2+}$ 的稳定化能从 $[Ni(H_2O)_6]^{2+}$ 的 -397.82 kcal/mol 增加到 -441.42 kcal/mol，使 Ni—N 键更加稳定，从而大大抑制了镍离子的萃取反应。

4.7 氨性溶液中镍离子的萃取机理分析

由以上分析可知，β – 二酮配体从氨性溶液中萃取镍离子时，在不同 pH 范围具有不同的萃取规律。通过有机相中萃合物及水相中镍氨配合物种结构研究结果可知，镍离子复杂的萃取行为主要受以下三个方面的影响：

(1)有机相中镍萃合物与水分子和氨分子配位，使其疏水性降低，从而抑制了镍萃合物在非极性碳氢溶剂中的溶解度，导致镍的萃取率降低；

(2)随着 pH 的升高，水相中氨分子逐渐取代水合镍离子中的水分子，生成的镍氨水配位离子明显抑制了萃取反应的进行，尤其在 pH > 8.5 时镍萃取率明显降低原因在于更稳定的 $Ni(NH_3)_5^{2+}$ 和 $Ni(NH_3)_6^{2+}$ 的生成；

(3)在 pH > 9.5 时镍离子萃取率随 pH 升高开始明显增大，由于此时有机相中镍萃合物($NiA_2 \cdot H_2O \cdot NH_3$)开始结晶析出，有效降低了有机相中萃合物的浓度，从而促进了镍离子萃取反应的进行。

4.8 本章小结

本章研究了氨 – 硫酸铵溶液中镍离子的萃取行为，分析了水和氨在萃取有机相中的分配规律，并用 X 射线吸收光谱等结构分析方法首次研究了氨性溶液中镍离子萃取过程中的物种类型及其结构，从微观角度阐明了镍离子的萃取机理，得到了如下结论：

(1)氨性溶液镍离子萃取行为比较复杂，水相 pH 对镍离子的萃取具有明显影响，在 pH < 8.5 时镍离子萃取率随 pH 升高而增大，但在 8.5 < pH < 9.5 时呈下降趋势，而当 pH > 9.5 时随 pH 增大开始显著升高；

(2)镍离子萃取平衡有机相中水和氨实验结果表明，水分子和氨分子可与镍萃合物配位共萃进入有机相，其中 pH > 8.5 时萃取 1 mol 镍离子共萃 1 mol 氨，生成的水合氨配位镍萃合物降低了非极性碳氢溶剂中萃合物的溶解度，从而抑制了镍离子的萃取；

(3)当水相 pH > 9.5 时有机相开始析出绿色的萃合物晶体，有效降低了非极性碳氢溶剂中镍萃合物的浓度，从而促进了镍萃取反应的进行，但该萃取行为不利于工业实际应用，需要通过改进萃取剂结构或加入中性有机配体增大镍萃合物的疏水性，以利于镍萃合物在有机相中的溶解；

(4)萃合物结构研究表明，有机相中镍萃合物物种为 $NiA_2 \cdot H_2O \cdot NH_3$，溶液中的萃合物结构与析出的镍萃合物晶体的结构完全相同, 均为轴向拉长的八面体构型, 螯合环 Ni—O 间平均配位距离为 2.00 Å, 轴向水分子和氨分子的平均配位距离为 2.09 Å;

(5)在镍氨溶液中, 随着 pH 的增大, 氨分子逐级取代镍离子中的水分子, 形成各种稳定的镍氨配位离子物种, 其配位结构均为八面体构型, 但镍氨配位离子物种的稳定性逐渐增大, 尤其是 $Ni(NH_3)_5^{2+}$ 和 $Ni(NH_3)_6^{2+}$ 的生成显著抑制了萃取反应的进行。

第 5 章　锌的萃取行为及微观机理

5.1　引　言

随着硫化锌矿资源的日益枯竭，开发各种氧化锌矿及氧化锌－硫化锌混合矿等对锌冶金工业具有重要的意义。氨浸法处理氧化矿具有原料适应性广、净化负担小、工艺流程短、环境污染小、投资少等优点，如张保平等采用"氨浸—直接电解"工艺处理氧化锌矿，具有较好的经济效益[225]，但该工艺仅适合中高品位氧化锌矿的处理，且氨浸液直接电积技术还不成熟，如果结合溶剂萃取技术的优点，采用"氨浸—萃取—酸性电积"工艺处理氧化锌矿，不仅可以分离富集锌离子，而且电积过程在传统的酸性体系中进行，具有广阔的应用前景。陈启元等采用该工艺处理云南兰坪低品位氧化锌矿做了大量的基础研究[40, 226, 227]，由于氨浸和酸性电积工艺均较成熟，因此萃取过程成为该工艺流程成败的决定性工艺过程。

与金属铜、镍相比，目前关于氨性溶液锌的萃取研究相对较少，且广泛用于铜、镍萃取的羟肟类萃取剂基本没有萃锌能力，锌离子与 Cu^{2+}、Ni^{2+} 的显著区别是其 d 电子轨道全充满，d 轨道电子很难参与轨道杂化，导致锌配合物稳定性较差。β－二酮类螯合配体可与锌离子通过螯合作用形成较稳定的配合物，且其弱酸性有利于降低在碱性溶液中的溶解度，许多研究者认为 β－二酮萃取剂是氨性溶液中锌离子萃取的最佳选择，但采用 LIX54、DK16 等萃取剂从氨性溶液中萃锌时萃取性能仍不理想，无法满足工业生产的要求[40, 77, 93, 95, 159]，其主要原因是对氨性溶液中锌离子萃取过程的机理不清楚。因此，研究氨性溶液中锌离子的萃取行为和微观机理对设计锌萃取体系和改进萃取工艺具有重要意义。

本章以 β－二酮 HA 为萃取剂，对氨－硫酸铵溶液中锌离子的萃取行为进行了考察，对有机相中水和氨的萃取行为进行了深入分析，采用 UV－Vis 光谱、IR 光谱和 X 射线吸收光谱等对萃取体系两相中的物种和结构进行了详细研究，从溶液微观结构的角度解释氨性溶液中锌离子的萃取机理。

5.2　锌离子的萃取研究方法

5.2.1　萃取平衡

氨性溶液中锌的萃取平衡实验方法参见 2.2 节。其中，萃取剂浓度为 0.4 mol/L 和 0.8 mol/L。

水和氨的萃取平衡实验方法参见 2.3 节。其中，水相 pH 分别为 6.86、7.40 和 8.11，萃取剂浓度为 0.8 mol/L。

5.2.2　分析方法

水相和有机相中锌离子浓度分析方法参见 2.4.1。

有机相中水和氨的浓度分析方法分别参见 2.4.3 和 2.4.4。

采用 UV – Vis、FT – IR 和 X 射线吸收光谱表征有机相中锌萃合物的结构，水相中锌氨配位物种采用 X 射线吸收光谱表征。其中，主成分分析方法和线性组分拟合方法分析 XANES 光谱的原理和步骤参见 2.5.11。EXAFS 光谱拟合程序及步骤参见 2.5.11。水相锌氨配位物种的结构拟合采用 $Zn(H_2O)_4(NH_3)_2$、$Zn(NH_3)_4(ClO_4)_2$ 为模型化合物；有机相中萃合物的结构拟合采用一水合乙酰丙酮锌为模型化合物。

5.2.3　量子化学计算

氨性溶液中锌离子物种的构型优化、频率分析及单点能计算采用 Gaussian 03 软件[193]完成，计算过程在中南大学高性能计算平台进行。采用 B3LYP 方法，选择 6 – 31G(d) 基组优化锌离子的构型，优化过程中不限制其结构的对称性，得到的所有平衡构型的频率均为实频。以优化得到的稳定构型为初始模型，选择 6 – 311 + G(d, p) 基组计算锌离子的单点能。不同锌氨水配位离子的稳定性采用稳定化能（ΔE）表示：

$$\Delta E = E_{Zn(NH_3)_x(H_2O)_y^{2+}} - E_{Zn^{2+}} - xE_{NH_3} - yE_{H_2O} \quad (x + y = 4 \text{ 或 } 6) \quad (5-1)$$

5.3　氨性溶液中锌离子的萃取行为

本节主要考察萃取剂浓度、水相 pH 和总氨浓度等因素对氨性溶液中锌离子萃取平衡的影响。

5.3.1 水相 pH 的影响

当硫酸铵浓度为 1 mol/L、水相锌离子浓度为 0.02 mol/L，萃取剂浓度分别为 0.4 mol/L 和 0.8 mol/L 时，锌萃取率与水相初始 pH(pH_{ini}) 和锌萃取分配比与水相平衡 pH(pH_{eq}) 的变化曲线如图 5-1(a) 和图 5-1(b) 所示。由图 5-1(a) 可以看出，在不同萃取剂浓度下，锌的萃取率均随 pH 增加先增大，在 pH 约 7.35 时达到最大后迅速下降，这对氨性溶液中锌萃取的实际应用十分不利，因为氧化锌矿的浸出过程通常在较高的 pH 和氨浓度下进行；但这一现象广泛存在于氨性溶液中 Cu(II)[77]、Ni(II)[87]、Zn(II)[159] 的萃取过程中，前文中采用相同萃取剂萃取铜、镍离子时也发现类似的现象，一些文献认为其主要原因是溶液中除了自由锌离子可萃取外，锌氨配合物物种均不被萃取[93, 94, 159]，导致锌萃取率降低。实际上，当萃取剂浓度从 0.4 mol/L 增加到 0.8 mol/L 时，锌萃取率从 55% 增加到 83%；同时，在 pH >9 时，0.8 mol/L 萃取剂浓度仍具有一定的萃锌能力，而此时溶液中锌主要以 $Zn(NH_3)_4^{2+}$ 物种存在，说明锌氨配离子物种也可参与萃取反应，但锌氨配合物的生成明显抑制了锌的萃取。由图 5-1(b) 可以看出，即使在酸性环境下(pH <7)，平衡 pH 与锌分配比的对数关系其直线图斜率也并不满足理论值 2，说明水相锌氨配离子的生成对锌萃取具有明显的抑制作用，但高于一定 pH 后锌离子的萃取率显著下降的本质原因仍不清楚。

水相 pH 不但影响萃取平衡，而且影响水相中铵-氨平衡和锌氨配位平衡。值得注意的是，水相溶液中 pH 的变化 $\Delta pH(pH_{ini} - pH_{eq})$ 呈现特殊的变化规律。如图 5-2 所示，当 pH <6.5，ΔpH 随 pH 增大而增加，主要原因是萃取过程产生的氢离子降低了平衡 pH；在 6.5 < pH < 7.7，ΔpH 随 pH 增大迅速降低，由于 pH 增大促使铵盐与氨的平衡向 NH_3 方向移动，同时萃取反应置换出的氢离子可降低水相 pH，二者的作用使平衡 pH 逐渐升高；当 pH > 7.7，ΔpH 随 pH 增大缓慢增加，虽然此时锌的萃取率已明显急剧降低，但由于水相 pH 接近萃取剂的 pK_a，解离产生的氢离子降低了平衡 pH。

5.3.2 萃取剂浓度的影响

为分析不同 pH 下水相中锌的各物种的萃取行为和有机相萃合物物种，在硫酸铵浓度为 1 mol/L、水相锌离子浓度为 0.02 mol/L 下，分别研究了 pH = 6.86、7.40 和 8.11 的锌氨溶液中萃取剂浓度与锌分配比的关系，结果如图 5-3 所示。由图可以看出，三个 pH 下的直线斜率分别为 2.089、2.173 和 2.102，表明在氨性溶液中每个锌离子与两个萃取剂分子结合形成 ZnA_2，无 $ZnA_2 \cdot HA$ 等缔合物产生，与文献[40, 77, 93, 95, 159]报道的结果一致。同时，三个 pH 下具有与镍萃合物相同的计量比，表明水相 pH 对有机相中锌萃合物的配位状态没有影响。

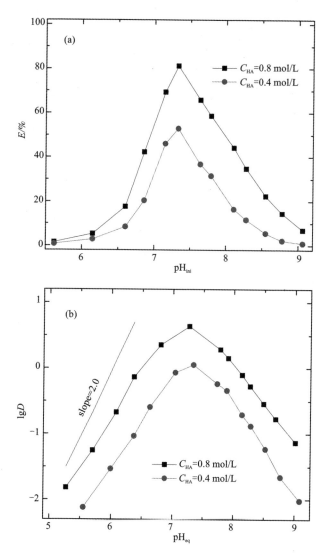

图 5 - 1 不同萃取剂浓度下 pH 对锌萃取平衡的影响

（a）初始 pH 与锌萃取百分率的关系；（b）平衡 pH 与锌分配比的关系

Fig. 5 - 1   pH dependance of zinc extraction at different HA concentrations

（a）the relationship between% E and $\mathrm{pH_{ini}}$；（b）the relationship between lg$D$ and $\mathrm{pH_{eq}}$

5.3.3 离子强度和氨浓度对锌离子萃取的影响

除 pH 外，水相组成同样可影响锌离子的萃取行为。在锌离子浓度为0.02 mol/L、

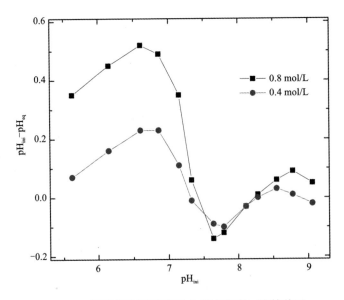

图 5 - 2 不同萃取剂浓度下 ΔpH 与初始 pH 的关系

Fig. 5 - 2 The relationship between ΔpH and pH_{ini} at different HA concentrations

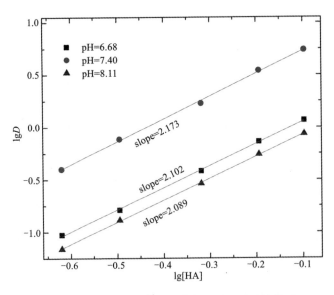

图 5 - 3 不同 pH 下萃取剂浓度与锌分配比的关系

Fig. 5 - 3 The relationship between lgD and HA concentration

水相初始硫酸铵浓度为 0.5 mol/L 条件下，分别加入硫酸铵和硫酸钠，配制 pH 为 7.4 的硫酸铵、硫酸钠与硫酸铵混合的水溶液各 5 组，维持溶液总离子强度分别为 1.5 mol/L、2.25 mol/L、3 mol/L、3.75 mol/L 和 4.5 mol/L，考察溶液中离子强度和总氨浓度对锌萃取行为的影响，结果如图 5 - 4 所示。

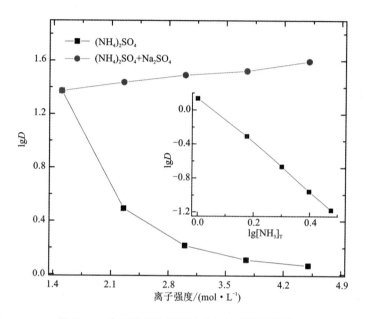

图 5 - 4　离子强度和总氨浓度与锌分配比的关系

Fig. 5 - 4　The relationship between lgD and ionic strength or total ammonia concentration

由图可知，当加入硫酸钠为电解质时，锌分配比随离子强度增大而缓慢增加，主要源于盐析效应降低了水的活度，使水合锌离子或锌氨物种的水合程度降低，从而促进了锌离子的萃取，许多研究者在金属离子萃取过程中均发现有盐析效应。然而，当加入硫酸铵电解质时，锌分配比随离子强度增大迅速降低，虽然铵盐浓度的增加具有一定的盐析效应，但由于自由氨浓度的增大促进了锌氨配位平衡，锌氨物种对萃取反应的抑制作用明显大于硫酸铵的盐析效应。由总氨浓度与锌分配比的关系可以看出，随着总氨浓度的增加，锌的分配比随总氨浓度的增大呈线性下降的趋势。

5.4　水和氨的萃取行为

锌离子具有灵活的配位结构，由于萃取过程中仅有两个萃取剂分子与锌离子结合，在萃合物中还存在空的配位空间，水相中的水分子和氨分子会直接与锌萃合物结合萃取进入有机相[194]。

5.4.1 水的萃取行为

图 5-5 为不同 pH 下萃取有机相中水浓度与锌离子浓度的关系。由图可知，当萃取有机相在同样的条件下与无锌离子的氨性溶液平衡后，发现有机相中含有少量的水，这主要是由于 β - 二酮是两亲分子，极性部分与水分子形成氢键，导致无锌离子萃取时仍有部分水分子进入有机相。当萃取锌离子后，有机相中水的浓度随锌离子浓度的增大呈线性增加；在 pH = 6.86、7.40 和 8.11 时，其拟合直线的斜率分别为 0.271、0.165 和 0.121，该斜率可反映萃合物的平均水合数[102, 104]，表明有机相中水分子可通过配位或缔合的方式与锌萃合物作用，生成的水合锌萃合物疏水性降低，从而抑制了锌在有机相中的分配，降低了锌离子的萃取率。同时，随着水相 pH 的增大，锌萃合物的平均水合数降低，这是由于水相中的氨分子取代了水合水分子，pH 增大有利于形成氨配位锌萃合物。因此，水合及氨配位锌萃合物的生成可能是影响高 pH 下锌萃取率下降的原因之一。

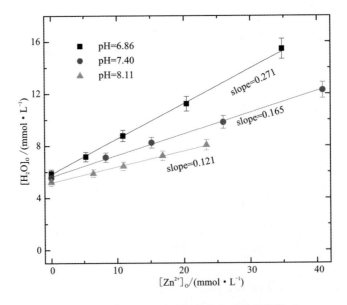

图 5-5 有机相中水浓度与锌离子浓度间的关系

Fig. 5-5 The concentration relationship between water and zinc in organic phase

5.4.2 氨的萃取行为

图 5-6 为不同 pH 下萃取有机相中氨浓度与锌离子浓度间的关系。由图可

知，萃取锌离子后，有机相中氨浓度随锌离子浓度的增大呈线性增加，表明有机相中部分萃合物与氨发生配位或缔合，生成氨合锌萃合物；在 pH = 6.86、7.40 和 8.11 时，其拟合直线的斜率分别为 0.038、0.208 和 0.441，表明锌萃合物中的氨平均配位数随 pH 升高而增大；而有机相中水的分配行为结果表明，萃合物中水的平均配位数随 pH 升高而降低，氨的萃取结果进一步证实了氨取代锌萃合物中水分子的结论。因为氨分子的配位能力比水分子强，升高 pH 促进了自由氨的生成，从而有利于氨与锌萃合物的配位反应。上述结果也表明锌萃合物的结构可能与铜萃合物和镍萃合物有显著区别。同时，在无锌离子萃取时，萃取剂自身基本不共萃氨，这一优点有利于 β - 二酮萃取剂在氨性溶液中的广泛应用。

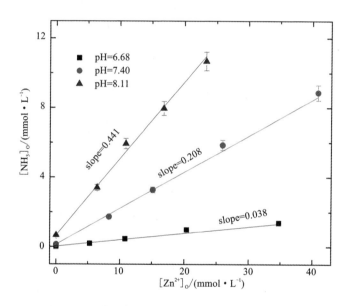

图 5 - 6 有机相中氨浓度与锌离子浓度间的关系

Fig. 5 - 6 The concentration relationship between ammonia and zinc in organic phase

5.5 萃合物微观结构分析

由于萃取平衡只能从统计意义上得到萃合物中配体与锌离子间的计量关系，而锌萃合物本身的结构信息仍不清楚，本节主要采用 UV - Vis、FT - IR 和 X 射线吸收光谱法对有机相中锌萃合物物种的结构进行表征，从微观结构角度解释氨性溶液中锌离子的萃取行为。

5.5.1 紫外 - 可见吸收光谱

由于锌离子具有全充满的 d 层电子结构，因而无 d - d 跃迁发生，在可见光区不可能观察到其结构信息；但 β - 二酮具有酮式及烯醇式结构，在紫外区有强的吸收，当与锌离子配位后配体的结构同时发生变化，因此可用于部分反映锌萃合物的结构信息。以壬烷为参比，测定 pH = 6.86、7.40 和 8.11 时萃取有机相稀释 20000 倍后的紫外吸收光谱，如图 5 - 7(a) 所示。由图可知，萃取前有机相在 245 nm 和 308 nm 处的吸收峰分别归属于 β - 二酮配体的苯甲酰基和烯醇式异构体中羰基与乙烯基共轭体系的 $\pi \rightarrow \pi^*$ 跃迁[195]；萃取锌离子后，308 nm 处的吸收峰略微红移，表明 β - 二酮烯醇式结构与锌离子配位。

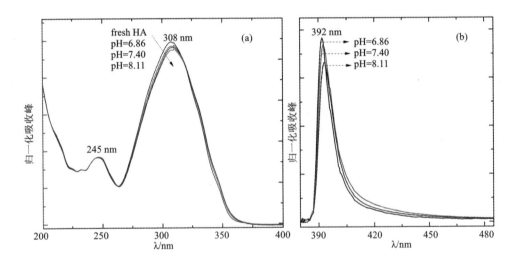

图 5 - 7　萃取有机相的紫外吸收光谱

(a)有机相稀释 8000 倍的紫外吸收光谱，以壬烷为参比；

(b)萃取有机相的紫外光谱，以未萃取有机相为参比

Fig. 5 - 7　UV - Vis spectroscopy of the extracted organic phase

(a) UV - Vis spectroscopy of organic phase before and after extraction, reference with nonane

(b) UV - Vis spectroscopies of the organic phase at different pH, reference with fresh organic phase

由于有机相中萃取剂与锌萃合物的相对浓度太高，配体的紫外光谱变化难以区分不同 pH 下锌萃合物的结构差异。当直接以未萃取有机相为参比，测定不同 pH 下萃取有机相的紫外光谱，如图 5 - 7(b) 所示，在 392 nm 处有一明显的吸收峰，该峰归属于 HA 配体与锌离子配位后发生电子转移引起的吸收峰；而且该峰随 pH 的增大发生红移，这主要是由不同 pH 下锌萃合物中的水和氨的配位行为引起的差异；氨分子具有更强的供电子能力，随着萃合物中氨平均配位数增大，

锌萃合物的吸收向低能方向移动；以上结果表明，水分子和氨分子应直接在锌萃合物内层配位。

5.5.2 红外光谱分析

图 5-8 为有机相萃取前后的红外光谱。由图可以看出，有机相负载锌离子后，在 1556 cm^{-1}和 1520 cm^{-1}处出现两个新的吸收峰，这是由于萃取剂与锌离子配位后形成螯合环产生的振动吸收。虽然配体与金属离子间发生电荷转移会使配体的特征振动频率发生变化，但由于有机相中萃取剂与锌萃合物的相对浓度太高，在复杂的红外光谱中很难分辨不同 pH 下锌配合物的结构差异。在尝试采用制备镍萃合物类似的方法制备锌萃合物固体时，可能由于锌萃合物的稳定性或疏水性与镍萃合物有较大差异，锌萃合物即使在达到有机相饱和容量后也很难析出，因此红外光谱很难获得不同 pH 下锌萃合物的结构信息。

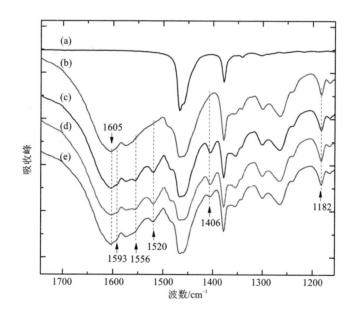

图 5-8 萃取有机相的红外吸收光谱
（a）壬烷溶剂；（b）萃取前有机相；（c）pH=6.86 萃取有机相；
（d）pH=7.40 萃取有机相；（e）pH=8.11 萃取有机相
Fig. 5-8 FT-IR spectroscopy of the organic phase
（a）nonane；（b）fresh organic phase；（c）the extracted organic phase at pH=6.86；
（d）the extracted organic phase at pH=7.40；（e）the extracted organic phase at pH=8.11

5.5.3 萃取有机相的 X 射线吸收光谱

X 射线吸收光谱是目前表征溶液中含锌配位物种结构最好的方法[132]，可以直接获取溶液中锌离子的近邻配位结构信息。因此采用 X 射线吸收光谱可进一步表征 pH=6.86、7.40 和 8.11 的萃取有机相中锌离子的结构，以解释不同 pH 下锌萃合物中水分子和氨分子的配位行为。

图 5-9 为不同 pH 下萃取有机相的归一化 Zn K 边 XANES 光谱。由图可以看出，在 9660 eV 处附近锌的吸收显著增强，并在 9665 eV 处出现白线峰 W，同时在 W 峰高能侧出现肩峰 A，即白线峰发生分裂；在更高能量范围吸收峰没有明显区别(如峰 B 所示)。值得注意的是，由于锌离子没有空的 d 电子轨道，锌萃取有机相 XANES 光谱没有出现铜、镍萃取有机相类似的边前 d-d 跃迁吸收峰。根据 Hennig 等人对锌配合物的 XANES 光谱研究结果[171]，该吸收峰的强度和形状主要反映了四面体构型锌配合物的结构特征，表明不同 pH 下萃取有机相中部分锌萃合物的结构应为四面体构型。然而，X 射线吸收光谱是体系所有含锌物种的加权统计信号，由前文分析结果可知，水分子和氨分子可与部分锌萃合物配位，即 XANES 光谱含有有机相中 ZnA_2、水合 ZnA_2 和氨配位 ZnA_2 等多种萃合物物种的结构信息，但目前难以通过解析 XANES 光谱得到各单一物种的吸收光谱和结构。由图可知，随着水相 pH 增大，萃取有机相的白线峰增强，而相应的肩峰 A 减弱，根据 XANES 光谱特征和文献结果[171, 228~230]，表明有机相中水合 ZnA_2 和氨配位 ZnA_2 物种应为五配位构型，因为六配位八面体构型锌萃合物的白线峰明显比五配位或四配位构型强。

图 5-10 为不同 pH 条件下萃取有机相的 k^3-加权 Zn K 边 EXAFS 光谱及其傅里叶变换谱。图中三个 pH 下锌萃合物的 EXAFS 谱并没有明显区别，一方面是由于不同 pH 下锌萃合物的结构变化较小；而且，由于相邻的 N/O 原子的激发能相近，EXAFS 光谱难以区分锌萃合物中的水和氨配体。从傅里叶变换谱可以看出，在 1.5 Å 和 2.3 Å 处附近可以观察到两个明显的吸收峰，1.5 Å 处吸收峰对应于锌萃合物的第一层配位 O 原子或 O/N 原子，主要包含 β-二酮配体中的 O 原子、水分子中的 O 原子和氨分子中 N 原子的贡献；而 2.3 Å 处吸收峰对应于锌萃合物中 β-二酮配体的最近邻非配位 C 原子；由于傅里叶变换谱没有经过相位移校正，该原子间距离并不反映各配位层的实际距离。

以一水乙酰丙酮锌为模型化合物拟合萃取有机相的 k^3-加权 Zn K 边 EXAFS 光谱，拟合得到各配位层的平均配位数 N、平均距离 r、Debye-Waller 因子和能量位移等参数，其中第二配位层的 C 原子数固定为 4，拟合结果如表 5-1 所示。由表中数据可知，不同 pH 下锌萃合物第一配位层的平均配位数在 4.5 附近，平均原子距离约(2.01±0.02) Å，表明萃合物主要以四配位锌氨离子存在。平均

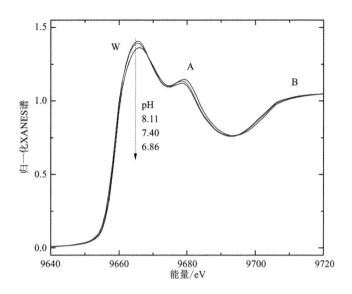

图 5 – 9　萃取有机相的归一化 Zn K 边 XANES 光谱

Fig. 5 – 9　Normalized Zn K edge XANES spectroscopy of the extracted organic phase

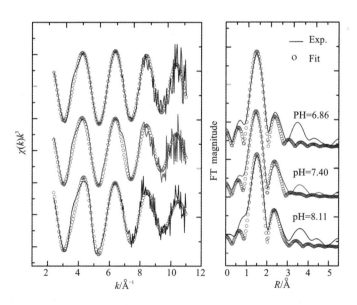

图 5 – 10　萃取有机相 k^3 – 加权 Zn K 边 EXAFS 光谱和傅里叶变换谱

Fig. 5 – 10　Zn K edge k^3 – weighted EXAFS (left) and their Fourier transforms (right) of zinc extracts in the organic phase. Phase shifts on FTs are not corrected

配位数和配位原子间平均距离均随 pH 升高略微增大，表明锌萃合物中水和氨分子直接在萃合物的内层参与配位，而非通过氢键或缔合作用进入有机相。同时，最近邻非配位 C 原子层的平均键长随 pH 升高也略微升高，这也间接证明了氨配位使有机相萃合物物种由 ZnA_2 向 $ZnA_2 \cdot NH_3$ 转变。

表 5−1 萃取有机相 k^3−加权 Zn K 边 EXAFS 光谱拟合结果*

Table 5−1 The best fitting parameters of EXAFS spectra of zinc extracts in the organic phase

样品	壳层	N^a	r^b	$\sigma^2/(\times 10^{-3})^c$	ΔE_0^d	$R/\%^e$
pH = 6.86	Zn—O	4.4(5)	2.01(2)	4.1(8)	2.4(3)	7.6
	Zn—C	4^f	2.85(2)	6.8(5)		
pH = 7.40	Zn—O	4.6(4)	2.01(1)	4.7(6)	4.1(8)	11.4
	Zn—C	4^f	2.86(1)	8.9(4)		
pH = 8.11	Zn—O	4.7(5)	2.03(2)	5.2(3)	2.3(5)	8.9
	Zn—C	4^f	2.88(2)	7.5(7)		

* 拟合范围：$\Delta k = 2.5 \sim 10.8$ Å^{-1}，$\Delta R = 1.0 \sim 3.0$ Å；括号内的值为统计不确定度；

a 为配位数；b 为平均键长(Å)；c 为 Debye−Waller 因子(Å^2)；d 为能量位移(eV)；e 为拟合因子；f 为固定参数

5.6 水相中锌离子物种及其结构研究

5.6.1 水相中锌离子物种分布

除有机相中锌萃合物结构的影响外，水相中锌氨配合物物种的生成也显著影响锌的萃取率。在氨性溶液中，锌与氨配位形成多种锌氨配合物，即 $Zn(NH_3)^{2+}$、$Zn(NH_3)_2^{2+}$、$Zn(NH_3)_3^{2+}$ 和 $Zn(NH_3)_4^{2+}$，逐级稳定常数分别为 2.38、4.88、7.43 和 9.65[231]。在锌浓度为 0.02 mol/L、硫酸铵浓度为 1.0 mol/L 及忽略锌离子水解的条件下，采用 IUPAC 物种计算软件 SCDB 2005 计算[204]，得到氨性溶液中锌的物种分布，如图 5−11 所示。

由图可知，在 pH > 5 时开始生成锌氨配合物。根据 Fatmi 及 Alzoubi 等对锌氨配合物的理论研究表明[150~153, 155, 232]，氨分子配位使锌离子的稳定化能明显增加，导致锌离子的反应活性降低，这可以解释锌分配比随 pH 升高偏离理论值的现象。当 pH > 7.38 时，水相中的优势物种为 $Zn(NH_3)_3^{2+}$ 和 $Zn(NH_3)_4^{2+}$。B. Alzoubi 等对锌氨物种的 DFT 计算结果表明，当第三个氨分子与锌离子配位后，

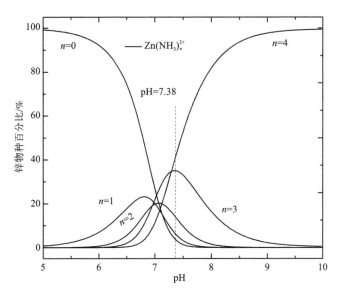

图 5 – 11　氨性溶液中锌的物种分布图

Fig. 5 – 11　Distribution of zinc species in the aqueous phase as a function of pH

锌离子的配位结构将转变为四配位的四面体构型，从而使 $Zn(NH_3)_3^{2+}$ 和 $Zn(NH_3)_4^{2+}$ 物种的稳定性增加[232]，这可能是氨性溶液中锌的萃取率在 pH > 7.35 时急剧降低的主要原因，但目前并没有相应的实验数据能说明不同 pH 下氨性溶液中锌离子的结构。因此，通过 X 射线吸收光谱解析水相中锌氨物种的结构对解释氨性溶液中锌的萃取行为具有重要意义。

5.6.2　水相中锌离子物种的 XANES 光谱

图 5 – 12 为含 0.02 mol/L Zn^{2+} 的 1.0 mol/L 硫酸铵溶液在不同 pH 下的归一化 Zn K 边 XANES 光谱。由图可以看出，锌离子的 XANES 光谱无 d – d 跃迁吸收峰，仅在 9660 ~ 9675 eV 范围内出现强的吸收峰，这归因于锌离子的 1s→4p 电子跃迁吸收峰。当 pH = 5.11 时，溶液中锌离子在 9664 eV 处附近出现强对称的白线峰 W，其吸收峰强度接近 2.0，该光谱特征与文献报道的硝酸溶液中八面体构型的六水合锌离子的 XANES 光谱一致[142]，表明在 pH = 5.11 的硫酸铵溶液中，水合锌离子的结构为八面体构型；随着 pH 的增加，白线峰 W 逐渐减弱并宽化，当 pH > 7.40 时，白线峰 W 明显分裂成两个弱的吸收峰，这表明氨配位导致溶液中锌离子的结构发生显著变化，这与典型四面体构型锌配合物 XANES 光谱的特征一致[171]，表明此时溶液中锌氨物种主要以四面体构型存在。结合各锌物种分

布可知，此时溶液中优势物种为 $Zn(NH_3)_3^{2+}$ 和 $Zn(NH_3)_4^{2+}$。因此，XANES 光谱结果表明，第三个氨分子与锌配位后，锌的配位数降低，形成稳定的四配位构型，该结论与 B. Alzoubi 等的理论计算结果一致[232]。

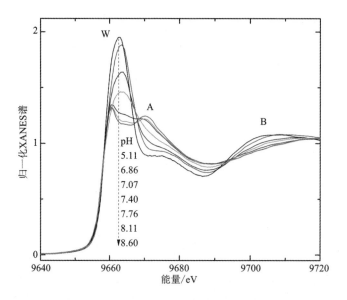

图 5 – 12　水相归一化 Zn K 边 XANES 光谱

Fig. 5 – 12　Normalized Zn K edge XANES spectroscopy of the aqueous phase at different pH

5.6.3　XANES 光谱的 PCA 和 LCF 分析

氨分子逐级取代水合锌离子的水分子后，氨性溶液中存在多种锌氨配位物种或锌氨水配位物种，如 $Zn(H_2O)_2(NH_3)_3$（Ⅱ）[151]，$Zn(H_2O)_4(NH_3)_2$（Ⅱ）[152]，$Zn(H_2O)_5(NH_3)$（Ⅱ）[153]，获得的 X 射线吸收光谱为氨性溶液中多种含锌物种信号的加权统计平均，但目前很难直接获取各单一物种的结构信息。由于 N 原子和 O 原子相似的幅度函数和相移函数（激发能相近），氨分子配位自身不会引起 XANES 光谱的明显变化。因此，氨性溶液中系列锌离子 XANES 光谱的变化主要反映了锌离子的近邻结构变化。根据光谱加合性原理，可通过主成分分析和线性组分拟合得到氨性溶液中系列锌离子物种的优势构型分布。

图 5 – 13 为水相锌离子 XANES 光谱的主成分分析结果，其特征值和方差均反映了不同 pH 的 XANES 光谱中含有两个主要成分，表明氨性溶液中系列锌离子主要存在两种构型，由上述分析可知，两种主要配位构型应为水合锌离子的六配位八面体构型和锌氨配位离子的四面体构型。为证实这一猜测，以 pH = 5.11 的水合锌离子的 XANES 谱和 pH = 8.60 的锌氨物种的 XANES 光谱分别为反映上述

配位构型的已知组分,重构不同 pH 下的 XANES 光谱,其结果如图 5 - 14 所示,以上两组分可完全重构不同 pH 下的 XANES 光谱,进一步证实了溶液中主要存在两种配位构型。

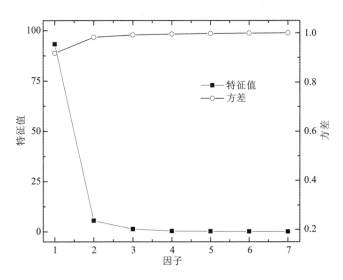

图 5 - 13 水相 XANES 光谱的主成分分析图

Fig. 5 - 13 Principal component analysis of XANES spectra of zinc species in the aqueous phase

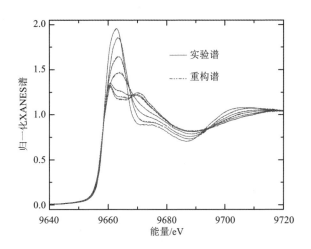

图 5 - 14 水相 XANES 光谱的两组分重构谱图

Fig. 5 - 14 Target transformation of the normalized XANES spectra of zinc species in the aqueous phase

因此,根据线性加合原理,不同 pH 下的 XANES 光谱应由四面体构型和八面体构型光谱的线性组合。表 5 - 2 为水相 XANES 光谱的线性组分拟合结果，相应的构型分布如图 5 - 15 所示。由图可知，随着水相 pH 的增加，八面体构型锌物种的相对含量急剧减少，在 pH > 7.4 时其含量已降低到 30% 以下，而四面体结构锌物种的相对含量显著上升，其上升趋势与锌氨配位物种的氨平均配位数上升趋势一致，表明氨分子的配位明显改变锌离子的配位构型，形成的四面体结构的锌氨配位物种稳定性显著增加，从而大大抑制了锌离子的萃取。根据上述结果可以推断，氨性溶液中锌萃取率在 pH > 7.35 时急剧降低的主要原因是具有四面体结构的 $Zn(NH_3)_3^{2+}$ 和 $Zn(NH_3)_4^{2+}$ 物种的生成。

表 5 - 2 水相 XANES 光谱的线性组合拟合结果

Table 5 - 2 Linear combination fitting of XANES spectra of zinc species in the aqueous phase

样品	端元分数		R
	八面体结构	四面体结构	
pH = 6.86	0.824	0.176	0.38
pH = 7.07	0.573	0.427	0.28
pH = 7.40	0.325	0.675	0.33
pH = 7.76	0.115	0.885	0.05
pH = 8.11	0.049	0.951	0.01

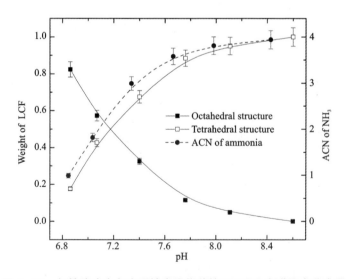

图 5 - 15 氨性溶液中各主要锌离子物种的 XANES 光谱拟合分布图

Fig. 5 - 15 Distribution of principal components in the aqueous phase as a function of pH

5.6.4 EXAFS 光谱分析

分别以 $Zn(H_2O)_6(NO_3)_2$ 和 $Zn(NH_3)_4(ClO_4)_2$ 为模型化合物，对 pH = 5.11 和 pH = 8.60 的氨性溶液中锌离子的 EXAFS 光谱进行拟合，结果如图 5 - 16 所示。水合锌离子形成四氨合锌配位离子后，EXAFS 光谱的振幅减弱，且相位移向高 k 方向移动，其傅里叶光谱分别在 1.65 Å 和 1.59 Å 处出现强的对称吸收峰，分别对应于水合锌离子的 Zn—O 键和四氨合锌配位离子的 Zn—N 键。拟合得到的锌离子近邻配位层的平均配位数 N、平均距离 r、Debye - Waller 因子和能量位移等参数如表 5 - 3 所示。由表中数据可知，Zn—O 键长和 Zn—N 键长分别为 (2.08 ± 0.02) Å 和 (2.03 ± 0.02) Å，与 Nilsson 等[188] 的 EXAFS 研究结果和 Yamaguchi 等[233] 的溶液 X 射线衍射结果一致。

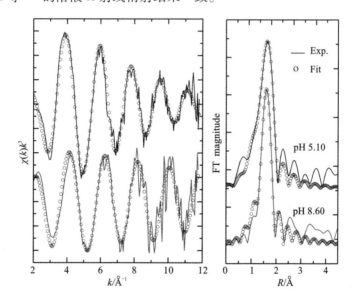

图 5 - 16　水相 k^3 - 加权 Zn K 边 EXAFS 光谱和傅里叶变换谱

Fig. 5 - 16　Zn K edge k^3 - weighted EXAFS (left) and their Fourier transforms (right) of zinc species in the aqueous phase. Phase shifts on FTs are not corrected

表 5 - 3　水相 k^3 - 加权 Zn K 边 EXAFS 光谱拟合结果*

Table 5 - 3　The best fitting parameters of EXAFS spectra of zinc species in the aqueous phase

样品	壳层	N^a	r^b	$\sigma^2/(\times 10^{-3})^c$	ΔE_0^d	$R/\%^e$
pH = 5.10	Zn—O	5.7(5)	2.08(2)	5.3 (7)	6.4(4)	5.47
pH = 8.60	Zn—N	3.9(4)	2.03(2)	7.7(9)	4.5(7)	6.83

* 拟合范围：$\Delta k = 2.5 - 11.5$ Å^{-1}，$\Delta R = 1.0 - 2.5$ Å；括号内的值为统计不确定度；

a 为配位数；b 为平均键长(Å)；c 为 Debye - Waller 因子(Å^2)；d 为能量位移(eV)；e 为拟合因子；f 为固定参数

5.6.5 锌离子物种的量子化学计算

由水相锌离子的 EXAFS 光谱结果可知，氨性溶液中锌离子主要为八面体和四面体两种构型，采用 DFT 方法计算各种锌离子的结构和能量，图 5 – 17 为锌氨水配位离子的最优化构型，其结构参数如表 5 – 4 所示。结果表明，$[Zn(H_2O)_6]^{2+}$ 具有八面体构型，Zn—O 键长为 2.094 Å；当一个或两个氨分子与水合锌离子配位后，其构型不发生变化，但 Zn—O 和 Zn—N 平均键长随氨配位数增加而增长；当三个及四个氨分子与锌离子配位后，锌离子从八面体构型向四面体构型转变；由于配位数降低，四面体构型锌离子的 Zn—O 和 Zn—N 平均键长均减小，$[Zn(NH_3)_4]^{2+}$ 的 Zn—N 平均键长为 2.059Å。

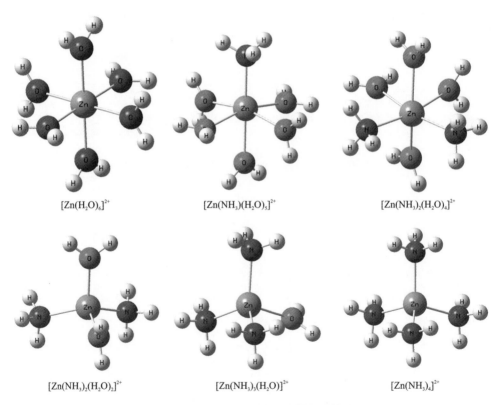

$[Zn(H_2O)_6]^{2+}$ $[Zn(NH_3)(H_2O)_5]^{2+}$ $[Zn(NH_3)_2(H_2O)_4]^{2+}$

$[Zn(NH_3)_2(H_2O)_2]^{2+}$ $[Zn(NH_3)_3(H_2O)]^{2+}$ $[Zn(NH_3)_4]^{2+}$

图 5 – 17 锌氨水配位离子的最优化构型

Fig. 5 – 17 The optimum structure of zinc – ammonia – water complex ions

表 5 - 4　锌氨水配位离子的平均键长 (d, Å)

Table 5 - 4　Mean bond length of octahedral zinc - ammonia - water complex ions (d, Å)

物种	Zn—O	Zn—N
$[Zn(H_2O)_6]^{2+}$	2.094	—
$[Zn(NH_3)(H_2O)_5]^{2+}$	2.134	2.077
$[Zn(NH_3)_2(H_2O)_4]^{2+}$	2.186	2.096
$[Zn(NH_3)_2(H_2O)_2]^{2+}$	2.016	2.022
$[Zn(NH_3)_3(H_2O)]^{2+}$	2.042	2.040
$[Zn(NH_3)_4]^{2+}$	—	2.059

　　表 5 - 5 为锌氨水配位离子的稳定化能 ΔE。结果表明，当氨分子与锌离子配位后，使其稳定性明显增大；同时，当锌氨水配位离子从八面体构型转变为四面体构型后，虽然总的稳定化能降低，但平均键能从 $[Zn(H_2O)_6]^{2+}$ 的 57.9 kcal/mol 增大到 $[Zn(NH_3)_4]^{2+}$ 的 88.2 kcal/mol，导致锌离子的反应活性降低，从而抑制了锌离子的萃取。

表 5 - 5　锌氨水配位离子的稳定化能（ΔE, kcal/mol）

Table 5 - 5　Stabilization energy of octahedral zinc - ammonia - water complex ions（ΔE, kcal/mol）

物种	E(a.u.)	$\Delta E/(\text{kcal} \cdot \text{mol}^{-1})$
$[Zn(H_2O)_6]^{2+}$	-0.55401	-347.645
$[Zn(NH_3)(H_2O)_5]^{2+}$	-0.56799	-356.417
$[Zn(NH_3)_2(H_2O)_4]^{2+}$	-0.58065	-364.363
$[Zn(NH_3)_2(H_2O)_2]^{2+}$	-0.52123	-327.076
$[Zn(NH_3)_3(H_2O)]^{2+}$	-0.54249	-340.419
$[Zn(NH_3)_4]^{2+}$	-0.56229	-352.842

5.7　氨性溶液中锌离子萃取机理分析

　　氨性溶液中锌离子的萃取机理十分复杂，在 β - 二酮萃取锌离子过程中，水相锌氨配位物种的生成极大地影响锌离子的萃取行为。虽然 Rao[93] 和 Algua-cil[159] 等提出氨性溶液中仅有自由锌离子才可被螯合萃取剂萃取，但本文研究结果表明锌氨配位物种仍可被直接萃取。综合以上分析结果可知，影响氨性溶液中锌离子萃取行为的主要因素有以下三个方面：①由于锌离子灵活的配位结构，水分子和氨分子可与有机相中锌萃合物发生配位，生成的水合或氨配位锌萃合物疏水性降低，从而抑制了锌的分配；②氨分子取代水分子后锌离子配合物的稳定性明显增加，使其反应活性降低；③当第三个氨分子与锌离子配位后，锌离子配位结构转变为四配位的四面体构型，由于其更稳定的结构导致配体交换的热力学可能性和速率大大降低，这是氨性溶液中锌的萃取率在 pH > 7.35 时急剧降低的主要原因。图 5 - 18 为氨性溶液中锌离子萃取机理示意图。

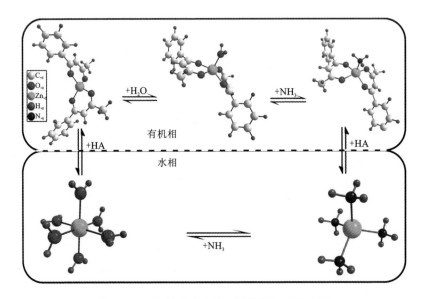

图 5 - 18　氨性溶液中锌离子萃取机理示意图

Fig. 5 - 18　Extraction mechanism of zinc(Ⅱ) in ammoniacal solution

5.8　本章小结

本章研究了氨 - 硫酸铵溶液中锌离子的萃取行为，分析了水和氨在萃取有机相中的分配规律，并用 X 射线吸收光谱等结构分析方法首次研究了氨性溶液中锌离子萃取过程中的主要物种及其结构，从微观角度阐明了锌离子的萃取机理，可得到如下结论：

(1)氨性溶液中锌离子的萃取对水相 pH 非常敏感，尤其是在 pH > 7.35 时萃取率显著降低，表明水相锌氨物种的行为显著影响锌离子的萃取行为；

(2)有机相中水浓度和氨浓度随锌离子浓度增大而升高，表明水分子和氨分子可通过与锌萃合物配位或缔合进入有机相；由于氨分子具有更强的配位能力，水相 pH 增大可促进氨配位萃合物的生成；

（3）结构研究结果表明，有机相中锌萃合物主要为四面体构型的 ZnA_2，不同 pH 下锌萃合物第一配位层的平均配位数在 4.5 左右，最近邻配位原子平均距离约 2.01 Å，水分子和氨分子可直接在锌萃合物内层配位，形成水合锌萃合物（$ZnA_2 \cdot H_2O$）和氨配位锌萃合物（$ZnA_2 \cdot NH_3$），水相 pH 增大可促进氨配位锌萃合物的生成；由于水合或氨配位锌萃合物的疏水性较低，不利于在非极性有机溶剂中溶解，从而抑制了锌的分配；

（4）锌氨水溶液中，氨分子逐级取代水合锌离子的水分子，形成各种锌氨配合物，导致锌离子稳定性增加，溶液中主要存在六配位的八面体构型和四配位的四面体构型，当第三个氨分子与锌离子配位后使锌离子的配位数降低，形成更稳定的四面体锌氨配合物，导致 pH > 7.35 时萃取率显著降低。

第6章　锌萃取过程中的溶剂效应和协同效应

6.1　引　言

　　如前文所述，β–二酮类萃取剂是从氨性溶液中萃取金属离子较理想的萃取剂，但与铜、镍相比，采用现有的 β–二酮配体萃锌时存在萃取效率低的问题，锌离子的萃取行为受水相锌氨物种及有机相锌萃合物的结构和稳定性的强烈影响。由于有机相中锌萃合物以 ZnA_2、$ZnA_2 \cdot H_2O$、$ZnA_2 \cdot NH_3$ 等形式共存，水合和氨配位使锌离子疏水性降低，抑制了锌萃合物在非极性溶剂中的溶解度。

　　目前，改善萃取体系性能的方法主要有如下三种：①改进萃取剂结构，增强萃合物的稳定性[234-237]；B. Lenarcik 等发现增长萃取剂的碳链长度可增大锌萃合物的稳定常数和分配系数[236,237]，付翁等采用 β–二酮端甲基氟取代的方式增大官能团的供电子能力，可提高锌离子的萃取率[160]，但端甲基氟取代同时也活化了 α 碳原子，使 β–二酮在氨性溶液中易与氨反应而变质；②增大萃取有机相的极性，通过溶剂效应促进萃合物在有机相中溶解；比如在有机相中加入极性有机配体，如长碳链的醇、酯、酚等[238]，或者直接采用极性溶剂作为稀释剂，增强萃合物在有机相中的溶解能力；③加入中性有机配体取代水合萃合物中的水分子或与萃合物反应生成更稳定及疏水性更强的协同萃合物，通过协同萃取效应促进锌离子在非极性有机溶剂中的分配；国内外许多研究者发现具有 $P{=}O$、$C{=}O$、$S{=}O$ 等官能团的中性有机 Lewis 碱配体与各种萃取剂组成混合萃取体系，可以有效地提高对金属离子的萃取能力，具有显著的协同效应[98,238-242]。因此，针对氨性溶液中锌离子萃取过程中的问题，合理利用溶剂效应或协同效应提高锌萃合物在有机相中的稳定性或溶解度，是提高锌萃取率的有效方法。

　　本章拟从以下几个方面深入研究氨性溶液中锌离子的萃取行为：①以非极性脂肪型壬烷溶剂、非极性芳香型甲苯溶剂和极性含氧正辛醇溶剂等作为稀释剂，考察氨性溶液中锌离子萃取过程中的溶剂效应；②以三种不同结构的含磷中性有机配体(磷酸三丁酯、三丁基膦和三辛基氧膦)为协萃剂，考察氨性溶液中锌离子萃取过程中的协同效应；③与常用的有机溶剂相比，以离子液体作萃取溶剂，不仅具有不挥发、不易燃、热稳定好等优点，被称为新型的"绿色溶剂"[243]，而且可以显著提高金属离子的萃取率,近年来受到国内外研究者的广泛关注[244,245]。如1999 年 Dai 等首次采用冠醚与不同离子液体从硝酸溶液中萃取 Sr(II),发现 1 - 乙基 - 3 - 甲基 - 双三氟甲基咪唑体系中硝酸锶的分配比达 11000,而在甲苯溶剂中分配比仅为 0.76[246]。许多研究者对离子液体在碱金属、稀土金属、过渡金属离子萃取分离中的应用进行了深入研究[247~249]。烷基咪唑类离子液体(如六氟磷酸盐[C_nMIM]PF_6、双三氟甲磺酰亚胺盐[C_nMIM]NTf_2)是用于金属离子分离研究最广的体系。如 Imura 等人采用 β - 二酮与咪唑类离子液体混合萃取体系研究了盐酸溶液中铜和镍的萃取行为[248]。Visser 等对比研究了 β - 二酮与[C_4mim][PF_6]、[C_8mim][NTf_2]和十二烷等混合溶剂体系从硝酸溶液中萃取 UO_2^{2+} 的行为,发现萃合物的配位状态影响铀离子在不同溶剂中的分配行为[249]。离子液体用于金属离子萃取分离研究目前主要集中于酸性或中性介质,还没有从氨性溶液中萃取金属离子的相关报道。因此,本章首次考察了咪唑类离子液体萃取体系在氨性溶液中的萃锌行为,探讨离子液体用于氨性溶液中锌离子的萃取机制。

6.2　锌离子萃取研究方法

6.2.1　萃取平衡

分别以正壬烷、甲苯和正辛醇为稀释剂,配制含 0.4 mol/L β - 二酮的萃取有机相,用于考察锌离子萃取过程的溶剂效应;以壬烷为溶剂、磷酸三丁酯(TBP)、三正辛基氧膦(TOPO)及三丁基膦(TBuP)为协同配体,配制含 0.4 mol/L β - 二酮和含 0.2 mol/L 协同配体的萃取有机相,用于考察锌离子萃取过程的协萃效应;萃取平衡实验方法参见 2.4 节。

水和氨的萃取平衡实验方法参见 2.5 节。

以 1 - 丁基 - 3 - 甲基咪唑六氟磷酸盐([BMIM]PF_6)、1 - 辛基 - 3 - 甲基咪唑六氟磷酸盐([OMIM]PF_6)、1 - 丁基 - 3 - 甲基咪唑双三氟甲磺酰亚胺盐([BMIM]NTf_2)和 1 - 辛基 - 3 - 甲基咪唑双三氟甲磺酰亚胺盐([OMIM]NTf_2)为溶剂,配制含 0.4 mol/L β - 二酮的萃取有机相,所用离子液体购于上海成捷化学有限公司,纯度均为 99%,未做进一步纯化处理。用离子液体溶剂萃取体系萃取过程为,将 4 mL 水相和 4 mL 有机相分别加入 50 mL 离心管内,在 25℃下恒温搅拌 60 min,快速离心分相后,取上层水相分析锌离子浓度。

四种离子液体的结构如下:

[BMIM]PF₆   [OMIM]PF₆   [BMIM]NTf₂   [OMIM]NTf₂

6.2.2 分析方法

水相和有机相中锌离子的浓度分析方法参见 2.4.1。

有机相中水和氨的浓度分析方法分别参见 2.4.3 和 2.4.4。

采用 FT-IR 和 X 射线吸收光谱表征有机相中锌萃合物的结构。EXAFS 光谱拟合程序及步骤参见 2.4.11 节。

6.3 氨性溶液中锌萃取过程的溶剂效应

本节以 β-二酮为萃取剂，以正壬烷、甲苯和正辛醇为稀释剂，主要考察了氨性溶液中锌离子萃取过程的溶剂效应和有机相中萃合物的结构。

6.3.1 水相 pH 的影响

图 6-1 为不同稀释剂条件下溶液 pH 与锌萃取率的关系。由图可以看出，以甲苯与壬烷为溶剂它们的萃取性能区别不大，而正辛醇为溶剂显著提高了锌的萃取率。在 pH = 7.26 时，正辛醇、甲苯和壬烷的锌萃取率分别为：91.4%、49.8% 和 48.7%；而且，在 pH > 9.0 时，甲苯和壬烷体系已基本不能萃锌，而正辛醇萃取率仍大于 40%。由于在氨性溶液锌的萃取过程中，萃合物易与水和氨配位，形成疏水性较低的水合或氨配位锌萃合物，降低其在非极性溶剂中的溶解度，从而抑制了锌离子的萃取；但在正辛醇等极性溶剂中，极性溶剂分子对锌萃合物具有强的溶解能力，使其溶解度大大提高，从而促进了锌的萃取。虽然芳香烃溶剂对芳香族化合物比脂肪烃溶剂有更高的溶解能力，但这不能明显改善体系的萃取性能，本实验中添加稀释剂甲苯时的萃取性能与壬烷相近；在实际工业应用中，通常采用脂肪烃溶剂和芳香烃溶剂的混合稀释剂来改善萃取体系的综合性能。

上述三种性质不同的溶剂体系，其萃取性能均随 pH 增大先升高，在 pH 约为 7.3 时达到最大，然后迅速降低，表明该萃取行为与溶剂性质无关，主要源于水相物种变化的影响。由第五章内容可知，该现象的本质原因是由于水相中四面体构型的锌氨配合物的形成，抑制了 β-二酮与锌离子的萃取平衡。

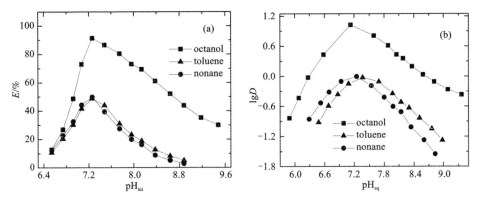

图 6 – 1 不同稀释剂下 pH 对锌萃取平衡的影响

(a)初始 pH 与锌萃取百分率的关系；(b)平衡 pH 与锌分配比的关系

Fig. 6 – 1 pH dependance of zinc extraction for different diluents

(a)the relationship between%E and pH_{ini}；(b)the relationship between $\lg D$ and pH_{eq}

6.3.2 萃取剂浓度的影响

在水相硫酸铵浓度为 1 mol/L、锌离子浓度为 0.02 mol/L 和 pH = 8.20 时，分别研究了三种稀释剂条件下有机相中萃取剂浓度与锌分配比的关系，以分析溶剂对锌萃合物配位的影响，结果如图 6 – 2 所示。由图可以看出，增大萃取剂浓度对萃取反应有利，当萃取剂浓度从 0.12 mol/L 增加到 0.4 mol/L 时，以正辛醇、甲苯和壬烷为稀释剂的萃取体系萃取率分别从 21.24%、2.67% 和 1.96% 升高到 70.66%、18.92% 和 14.85%。在非极性溶剂中，由于锌萃合物稳定性较低，通常需要增大萃取剂的浓度才可维持一定的锌萃取平衡，而在正辛醇等极性溶剂中，达到相同的锌分配比所需的萃取剂浓度大大降低。正辛醇、甲苯和壬烷为稀释剂时的锌萃取分配比图中直线的斜率分别为 1.839、1.817 和 1.835，接近理论值 2，表明在三种稀释剂中每个锌离子与两个萃取剂分子结合形成 ZnA_2，无 $ZnA_2 \cdot HA$ 等缔合物种生成。

6.3.3 氨浓度的影响

在萃取剂浓度均为 0.4 mol/L，水相锌离子浓度为 0.02 mol/L 和 pH = 8.20，有机相仍为上述三种稀释剂，水相中总氨浓度与锌分配比的关系如图 6 – 3 所示。由图可知，三种稀释剂中锌的萃取率均随总氨浓度增加而迅速降低，且对甲苯和壬烷为稀释剂的萃取体系影响更为明显，当总氨浓度从 1 mol/L 升高到 3 mol/L，正辛醇、甲苯和壬烷的萃取体系的萃取率分别从 93.56%、61.09%、52.49% 降低到 48.50%、7.57%、4.99%。在相同 pH 和锌离子浓度条件下，增加总氨浓度

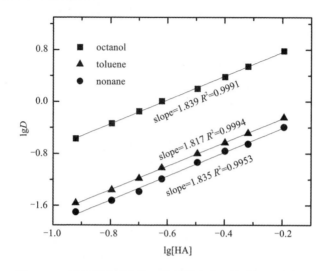

图 6 - 2 不同稀释剂条件下萃取剂浓度与锌分配比的关系

Fig. 6 - 2   The relationship between lg$D$ and HA concentration for different diluents

增大了溶液中自由氨的浓度，从而促使锌氨配位平衡向锌氨配离方向移动，锌氨配合物浓度增大明显抑制了锌离子的萃取反应。但对于正辛醇体系，即使在 3 mol/L 的总氨浓度下仍有近 50% 的锌萃取率，表明改善萃取有机相的性质可显著提高氨性溶液中锌的萃取率。

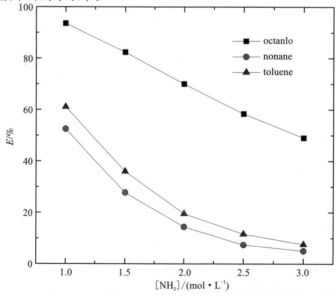

图 6 - 3 不同稀释剂下总氨浓度与锌萃取率的关系

Fig. 6 - 3   The relationship between $E\%$ and total ammonia concentration for different diluents

6.3.4　水和氨的萃取行为

由于有机相中水和氨与锌萃合物的配位对锌离子的分配行为有较大影响，在萃取剂浓度为 0.4 mol/L、硫酸铵浓度为 1 mol/L、pH = 8.20 的条件下，研究了三种稀释剂条件下有机相中水和氨的浓度与锌浓度的关系，如图 6 - 4 所示。由图可知，在无锌离子存在的情况下，水分子在极性溶剂萃取体系中的浓度比非极性溶剂萃取体系中明显增大，甲苯及壬烷溶剂中的水浓度约 8.0 mmol/L，而正辛醇体系中的水浓度急剧升高到约 1460 mmol/L，表明水分子与 β - 二酮萃取剂分子或极性溶剂分子间具有强烈的氢键作用。正辛醇体系中的氨浓度并不显著增大，表明 β - 二酮萃取剂即使在极性溶剂条件下共萃氨程度也相对较低，这一优点有利于极性溶剂萃取体系在氨性溶液中锌萃取。

萃取锌离子后，三种溶剂体系中水和氨的浓度均随锌浓度的增大呈线性增加，表明水和氨均可随锌萃合物共萃到有机相中，在 pH = 8.20 时三种溶剂中萃合物的氨平均配位数均明显高于平均水合数，但以甲苯及壬烷溶剂为稀释剂的萃取体系氨配位数和水合数明显高于正辛醇；这是由于甲苯及壬烷溶剂的极性较低，亲水性较大的水合或氨配位萃合物在这两种溶剂中较难溶解，因而氨配位数和水合数较低；对于正辛醇，由于极性溶剂中分子间具有强的氢键作用和溶剂化能力，水合和氨配位的锌萃合物在有机相中的分配显著增加，导致其水合数和氨配位数均明显高于以甲苯及壬烷溶剂为稀释剂的萃取体系，上述萃取行为差异可能主要源于极性溶剂萃取体系有利于锌萃合物的分配。

6.3.5　有机相 IR 光谱分析

图 6 - 5 为 pH = 8.20 时三种稀释剂的萃取体系萃取反应前后的红外光谱。由图可以看出，萃取反应前，三种稀释剂的萃取体系在 1604 cm^{-1} 和 1573 cm^{-1} 处附近出现 β - 二酮配体的特征吸收，相同的峰位置表明溶剂对 β - 二酮的结构没有明显影响，但正辛醇在 3339 cm^{-1} 处出现强的振动峰，这主要归属于辛醇中大量的—OH 官能团。负载锌离子后，三种溶剂萃取体系的红外光谱发生明显的变化，甲苯和壬烷的萃取体系在 1411 cm^{-1} 和 1525 cm^{-1} 处附近出现新的吸收峰，这应归因于 β - 二酮与锌配位后形成的螯合环产生的振动峰；正辛醇萃取体系的红外光谱除具有上述特征吸收峰外，1604 cm^{-1} 处的 C＝O 振动峰蓝移至 1626 cm^{-1}，并在 3433 cm^{-1} 处附近出现新的振动峰，前者应归因于正辛醇溶剂对锌萃合物具有强烈的氢键作用和溶剂化作用，导致相应官能团电子密度的增加，从而使振动光谱发生蓝移；而后者是水分子与锌萃合物配位后水分子的特征振动峰。

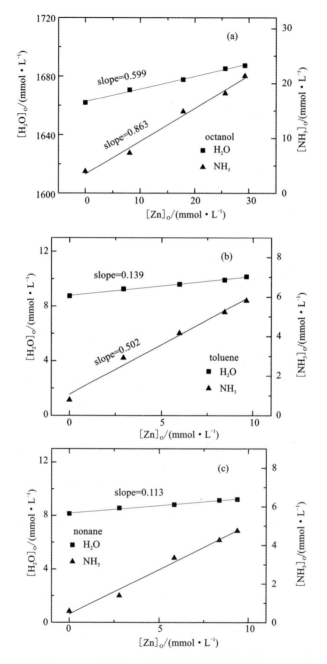

图 6-4 有机相中水和氨浓度与锌浓度的关系

（a）正辛醇体系；（b）甲苯体系；（a）壬烷体系

Fig. 6-4 The concentration relationship of water and ammonia to zinc in organic phase

（a）octanol system；（b）toluene system；（c）nonane system

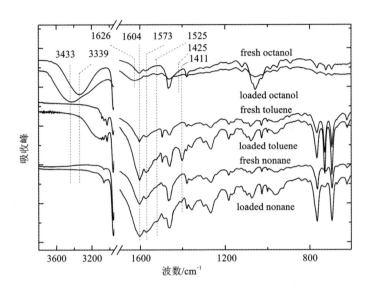

图 6 - 5　不同稀释剂条件下有机相萃取前后的红外光谱

Fig. 6 - 5　IR spectroscopies of organic phase before and after extraction for different diluents

6.3.6　有机相 X 射线吸收光谱分析

　　X 射线吸收光谱可以有效表征有机相中锌萃合物的结构信息。图 6 - 6 为三种溶剂萃取体系有机相的归一化 Zn K 边 XANES 光谱。由图可知，在 9665 eV 处附近三种溶剂萃取体系均出现锌的特征吸收峰（白线峰）；壬烷和甲苯的萃取体系在 9680 eV 处附近出现肩峰，具有分裂的白线峰特征，归一化吸收峰的强度均在 1.3 ~ 1.4 之间，这些吸收峰特征表明壬烷和甲苯萃取体系中的锌萃合物主要为四面体构型[171]。同时，白线峰强度按壬烷、甲苯和正辛醇的顺序依次增大，而对应的肩峰的强度则相应减弱，这可能是由于萃取有机相中水和氨分子与锌萃合物的配位状态不同所致。如前所述，水分子和氨分子的总配位数以壬烷、甲苯和正辛醇的顺序逐渐增加，XANES 光谱结果也进一步说明水和氨分子在锌萃合物的内配位层参与配位；尤其在正辛醇萃取体系中，锌萃合物主要以五配位的$ZnA_2 \cdot H_2O$和$ZnA_2 \cdot NH_3$存在。

　　图 6 - 7 为三种溶剂条件下萃取有机相的k^3 - 加权 Zn K 边 EXAFS 光谱及其傅里叶变换谱。甲苯和壬烷为溶剂的萃取有机相的 EXAFS 谱没有大的区别，这是由于在两种溶剂中锌萃合物的结构变化较小；而且，相邻的 N/O 原子的激发能差异太小，EXAFS 光谱本身也难以区分锌萃合物中的水和氨配体的差异。然而，正辛醇体系 EXAFS 谱的振幅和相位移均相应降低。从三种溶剂萃取体系的傅里

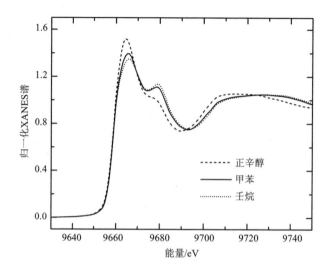

图 6 - 6　萃取有机相的归一化 Zn K 边 XANES 光谱

Fig. 6 - 6　Normalized Zn K edge XANES spectroscopy of the extracted organic phase

叶变换谱中可以发现，在 1.5 Å 和 2.3 Å 处附近分别有两个明显的吸收峰，1.5 Å 处吸收峰对应于锌萃合物的第一层配位 O 原子或 O/N 原子，主要包括 β - 二酮配体中的 O 原子、水分子中的 O 原子和氨分子中 N 原子的贡献；而 2.3 Å 处吸收峰对应于锌萃合物中的 β - 二酮配体的最近邻非配位 C 原子。

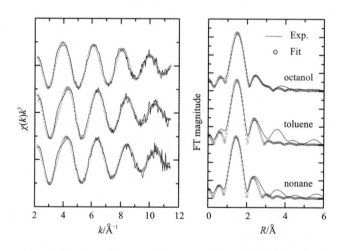

图 6 - 7　萃取有机相 k^3 - 加权 Zn K 边 EXAFS 光谱和傅里叶变换谱

Fig. 6 - 7　Zn K edge k^3 - weighted EXAFS（left）and their Fourier transforms
（right）of zinc extracts in the organic phase. Phase shifts on FTs are not corrected

在 EXAFS 光谱拟合过程中，将第二层配位层的 C 原子数固定为 4，拟合得到各配位层的平均配位数 N、平均距离 r、Debye – Waller 因子和能量位移等参数，拟合结果如表 6 – 1 所示。由表中数据可知，以甲苯和壬烷为稀释剂的萃取体系的第一配位层的平均配位数分别为 4.7 ± 0.4 和 4.6 ± 0.6，平均原子间距离均为（2.02 ± 0.02）Å，以正辛醇为稀释剂的萃取体系的平均配位数为 5.3 ± 0.6，平均原子间距离为（2.04 ± 0.01）Å。而且，由于水和氨的配位使锌萃合物体积增大，第二配位层 Zn—C 间的平均距离比甲苯和壬烷为稀释剂的萃取体系增加约 0.05 Å。

表 6 – 1　萃取有机相 k^3 – 加权 **Zn K** 边 EXAFS 光谱拟合结果[*]

Table 6 – 1　The best fitting parameters of EXAFS spectra of zinc extracts in the organic phase

样品	壳层	N^a	r^b	$\sigma^2/(\times 10^{-3})^c$	ΔE_0^d	$R/\%^e$
octanol	Zn – O	5.3 (6)	2.04 (1)	5.7 (7)	4.2(3)	6.5
	Zn – C	4^f	2.95(2)	6.5(3)		
toluene	Zn – O	4.7(4)	2.02(1)	7.8(8)	4.6 (5)	9.9
	Zn – C	4^f	2.90(2)	8.9(5)		
nonane	Zn – O	4.6(6)	2.02(2)	7.6(7)	5.1(3)	8.7
	Zn – C	4^f	2.88(1)	8.5(6)		

[*] 拟合范围：$\Delta k = 2.5 \sim 10.8$ Å^{-1}，$\Delta R = 1.0 \sim 3.0$ Å；括号内的值为统计不确定度；

a 为配位数；b 为平均键长（Å）；c 为 Debye – Waller 因子（Å^2）；d 为能量位移（eV）；e 为拟合因子；f 为固定参数

6.4　氨性溶液中锌萃取过程的协同萃取效应

本节以壬烷为溶剂，三辛基氧膦（TOPO）、磷酸三丁酯（TBP）、三丁基膦（TBuP）为协萃剂，主要考察了氨性溶液中锌萃取过程的协同萃取效应和有机相中萃合物的结构。

6.4.1　水相 pH 的影响

在萃取剂浓度为 0.4 mol/L、协萃剂浓度 0.2 mol/L 条件下，分别考察了水相 pH 对不同协萃体系锌萃取平衡的影响，结果如图 6 – 8 所示。

由图 6 – 8(a) 可以看出，与无协萃剂时相比，三个协同萃取体系均提高了锌的萃取率，尤其是 TOPO 和 TBuP 的萃取体系协同效应非常明显。同时，三个协同萃取体系的萃锌性能均随 pH 增大先升高，在 pH 约为 7.26 时达到最大，然后随 pH 升高而降低，该现象与无协萃剂时规律一致。如前文所述，该萃取行为是由于水相中锌离子结构从八面体向四面体构型转变导致的，协同萃取体系萃锌性能的改善应主要源于有机相中萃合物的结构变化。

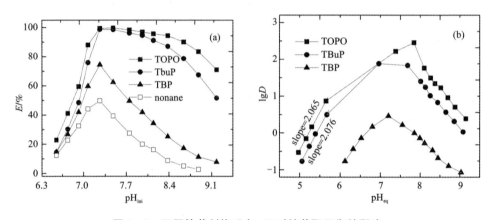

图 6-8 不同协萃剂体系中 pH 对锌萃取平衡的影响

（a）初始 pH 与锌萃取百分率的关系；（b）平衡 pH 与锌分配比的关系

Fig. 6-8 pH dependance of zinc extraction for different synergistic ligands

(a) the relationship between% E and pH_{ini}; (b) the relationship between lg$D$ and pH_{eq}

在 pH = 7.26 时，TOPO、TBuP 和 TBP 体系的萃取率分别达到 99.4%、98.7% 和 74.4%；当 pH > 7.26 时，在无协萃剂或以 TBP 为协萃剂条件下，锌的萃取率均随 pH 升高显著降低，当 pH = 8.38 时锌萃取率分别下降到 8.8% 和 25.2%，表明 TBP 体系的协同萃合物在高 pH 条件下仍难以与氨竞争，且水相中锌氨配合物的生成明显抑制了锌的萃取。虽然 TOPO 和 TBuP 协同体系的萃取性能也随 pH 升高呈下降趋势，但在 7.26 < pH < 8.38 范围内相对较为稳定，在 pH = 8.38 时锌萃取率分别为 94.4% 和 87.1%，表明 TOPO 和 TBuP 协同萃取体系在较高 pH 范围内具有良好的萃锌能力。TOPO 和 TBuP 配体取代锌萃合物中的水分子和氨分子，生成协同配合物，从而大大增加了萃合物的稳定性和疏水性，有利于锌离子在有机相中的分配。

图 6-8（b）为水相平衡 pH 与锌分配比的关系。由图可知，由于 TOPO 和 TBuP 显著提高了锌的萃取率，萃取剂与锌离子进行阳离子交换生成的氢离子导致平衡 pH 大大降低，在 pH_{eq} < 5.5 时，其线性关系满足理论斜率值 2；随着溶液 pH 升高，溶液中氨浓度急剧增大，生成的锌氨配合物抑制了锌的萃取，且生成的氢离子被溶液中的 NH_3 与 NH_4^+ 组成的缓冲体系中和，导致其线性关系低于理论斜率值；pH > 7.26 时，平衡 pH 与锌分配比的关系图直线出现负的斜率，表明水

相物种及结构的变化对协同萃取体系锌的萃取平衡影响仍非常显著。

6.4.2　协萃剂浓度的影响

在萃取剂浓度为 0.4 mol/L、硫酸铵浓度为 1 mol/L、水相锌离子浓度为 0.02 mol/L 和 pH = 8.20 条件下，分别研究了三个协萃体系中协萃剂浓度与锌分配比的关系，结果如图 6 – 9 所示。由图可知，增大协萃剂浓度明显促进锌的萃取，其拟合直线的斜率值均接近 1，表明 TOPO、TBuP、TBP 与锌萃合物 ZnA_2 反应生成 $ZnA_2 \cdot B$ 协同萃合物（B 代表协萃剂）。

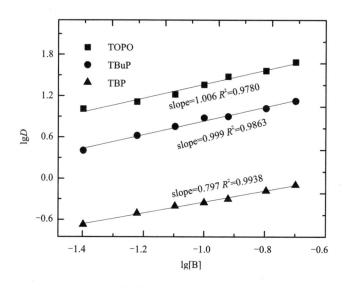

图 6 – 9　协萃剂浓度与锌分配比的关系

Fig. 6 – 9　The relationship between lg$D$ and ligand concentration

6.4.3　氨浓度的影响

在萃取剂浓度为 0.4 mol/L、协萃剂浓度为 0.02 mol/L、水相锌离子浓度为 0.02 mol/L 和 pH = 8.20 条件下，水相总氨浓度与锌的分配比的关系如图 6 – 10 所示。

由图可知，随着总氨浓度的增加，三个协同萃取体系中锌的萃取率均明显降低，且 TBP 协萃体系萃取率降低尤为显著。当总氨浓度从 1 mol/L 升高到 3 mol/L 时，TOPO、TBuP 和 TBP 协萃体系锌的萃取率分别从 99.6%、98.8% 和 78.1% 降低到 90.8%、80.8% 和 19.8%，表明在高氨浓度下 TOPO 和 TBuP 协萃体系仍具有良好的萃锌能力。虽然总氨浓度的增加促进了水相中氨与锌离子的配位反应，

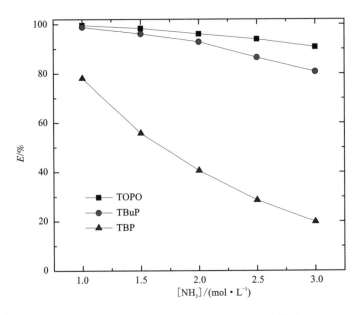

图 6 – 10　不同协萃剂下总氨浓度与锌分配比的关系

Fig. 6 – 10　The relationship between $E\%$ and total ammonia concentration for different ligands

生成的锌氨配合物抑制了锌离子的萃取，但协萃剂与锌萃合物反应生成疏水性和稳定性更强的协同萃合物，从而促进了锌氨物种参与的萃取反应。

6.4.4　水和氨的萃取行为

在萃取剂浓度为 0.4 mol/L、协萃剂浓度为 0.02 mol/L、水相锌离子浓度为 0.02 mol/L、硫酸铵浓度为 1.0 mol/L 和 pH = 8.20 条件下，萃取有机相中水和氨浓度与锌浓度的关系如图 6 – 11 所示。

由图可以看出，三个协同萃取体系有机相中水的浓度随锌离子浓度的增加而降低，主要原因可能是水合锌萃合物中的水分子被中性有机配体取代；同时，由于萃取反应前有机相中 β – 二酮分子通过氢键与水分子缔合，当萃取锌离子时，β – 二酮首先释放缔合水分子，然后与锌离子配位，从而导致有机相中水含量逐渐降低。

与水的萃取行为相比，氨在有机相中的分配行为比较复杂。由于用于分析氨浓度的反萃液中溶解的 TBuP 严重干扰氨的分析结果，无法对 TBuP 协萃体系中氨的萃取行为进行研究。由图 6 – 12(a) 可以看出，随着有机相中锌离子浓度的增加，TOPO 协萃体系中氨的浓度降低，主要源于 TOPO 具有强的配位能力，通过取代氨配位锌萃合物中的氨分子，生成稳定的协同萃合物，从而抑制了氨在萃取

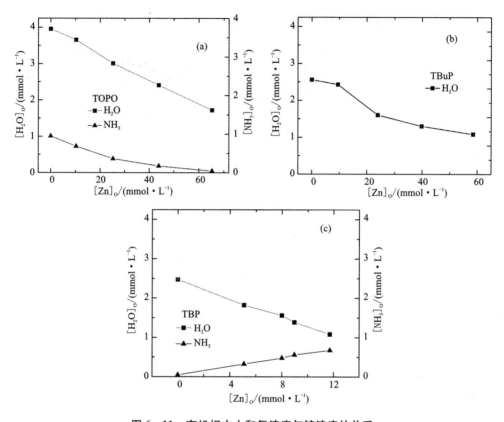

图 6 – 11　有机相中水和氨浓度与锌浓度的关系

（a）TOPO 体系；（b）TBuP 体系；（c）TBP 体系

Fig. 6 – 11　The concentration relationship of water and ammonia to zinc in organic phase

（a）TOPO system；（b）TBuP system；（c）TBP system

有机相中的分配；对于 TBP 协萃体系，从图 6 – 12(c)可以看出，随着萃取有机相中锌浓度的增加，萃取有机相中氨浓度略微升高，这是由于 TBP 的配位能力相对较弱，TBP 协同萃取效应并不明显，萃取有机相中除含有 TBP 加合的 ZnA_2 外，可能还含有少量氨配位的萃合物。

6.4.5　有机相 IR 光谱分析

图 6 – 12 为 pH = 8.20 时三个协同萃取体系萃取有机相反应前后的红外光谱。由图可以看出，萃取反应前，与 HA/壬烷萃取体系类似，三个协萃体系有机相均在1604 cm^{-1} 和 1573 cm^{-1} 处附近出现 β – 二酮烯醇式六元环的羰基和 C ═C 双键的伸缩振动频率，但在 3376 cm^{-1} 处附近出现新的振动峰，这是由于协萃剂

具有强的供电子能力，可与烯醇式结构的 β-二酮形成 CO—H···L 形式的氢键，从而产生新的振动吸收峰。

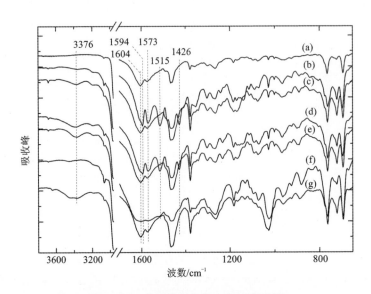

图 6-12　萃取有机相的红外吸收光谱

(a)HA/壬烷体系萃取前；(b)TOPO/HA/壬烷体系萃取后；(c)TOPO/HA/壬烷体系萃取前；

(d)TBuP/HA/壬烷体系萃取后；(e)TBuP/HA/壬烷体系萃取前；

(f)TBP/HA/壬烷体系萃取后；(g)TBP/HA/壬烷体系萃取前

Fig. 6-12　IR spectroscopies of organic phase before and after extraction for different ligands

(a)fresh HA system；(b)zinc-loaded TOPO system；(c)fresh TOPO system；(d)zinc-loaded TBuP system；(e)fresh TBuP system；(f)zinc-loaded TBP system；(g)fresh TBP system

由于 β-二酮萃取剂参与萃取反应的是烯醇式结构，若协萃剂浓度太高，萃取剂与协萃剂相互作用可能降低萃取剂的活度，反而对萃取反应不利，虽然上述实验没有观察到这种现象，但 Grigorieva N. 等发现 TOPO、TBP 等协同萃取剂在用 Cyanex301 萃取锌离子过程中具有明显的反协同作用[250]。萃取锌离子后，三个协萃体系的红外光谱均在 1426 cm^{-1} 和 1515 cm^{-1} 处附近出现 β-二酮与锌离子螯合环产生的振动吸收峰；而且，由于协萃剂的供电子作用，配位后体系的电子密度增大，不但使 β-二酮烯醇式六元环的羰基、C＝C 双键的振动吸收峰发生蓝移，而且螯合环产生的振动吸收峰与前文无协萃剂时相比也蓝移约 15 cm^{-1}，以上结果表明协萃剂在锌萃合物内层参与配位，使协同萃合物稳定性增大。

6.4.6　有机相 X 射线吸收光谱分析

为进一步分析协同萃合物的结构，分别测定了 pH = 8.20 时萃取有机相的

Zn K边 X 射线吸收光谱,图6-13为归一化的 Zn K 边 XANES 光谱。

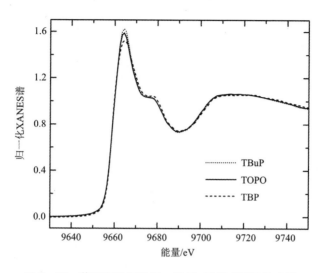

图6-13 萃取有机相的归一化 Zn K 边 XANES 光谱

Fig. 6-13 Normalized Zn K edge XANES spectroscopy of the extracted organic phase

由图可以看出,三个协萃体系的 XANES 谱极为相似,在9665 eV 处附近均出现锌的对称吸收峰,其归一化吸收峰的强度为1.5~1.6,这些吸收峰的特征表明有机相中锌萃合物主要以五配位结构存在[171],Diamond H. 等[230] 采用 EXAFS 光谱对噻吩甲酰三氟丙酮与 TBP 协同萃取锌离子的萃合物结构进行了分析,也得到类似的结论。以上结果表明,TOPO、TBuP 和 TBP 等均在锌萃合物内层参与配位。值得注意的是,TBP 协萃体系的吸收峰强度略低于 TOPO 和 TBuP 协萃体系,这可能是由有机相中存在的少量氨配位锌萃合物引起的。

图6-14为三个协萃体系萃取有机相的 k^3 -加权 Zn K 边 EXAFS 光谱及其傅里叶变换谱。与 XANES 结果类似,由于三个协萃体系中萃合物结构基本相同,其 EXAFS 谱的振幅和相位移没有明显区别,傅里叶变换谱均在1.5 Å 和2.2 Å 处附近处出现两个明显的吸收峰,其中1.5 Å 处吸收峰对应于锌萃合物的第一层配位原子,主要包括 β -二酮配体中的 O 原子和协萃剂中配位原子的贡献;而2.2 Å 处吸收峰对应于锌萃合物中的 β -二酮配体的最近邻非配位 C 原子。在 EXAFS 光谱拟合过程中,将第二层配位层的 C 原子数固定为4,其拟合结果如表6-2所示。由表中数据可知,三个协萃体系中萃合物的第一配位层的平均配位数均在5左右,平均原子间距离均为(2.04±0.02)Å,而第二配位层的平均原子间距离均为(2.95±0.02)Å,表明三个协萃体系中锌萃合物与协萃配体反应生成稳定的五配位配合物 $ZnA_2 \cdot B$。

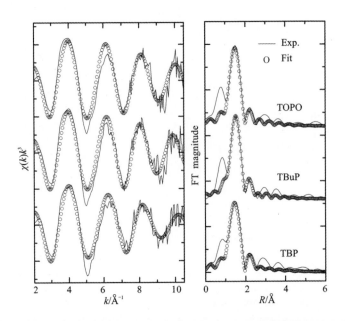

图 6 – 14　萃取有机相 k^3 – 加权 Zn K 边 EXAFS 光谱和傅里叶变换谱

Fig. 6 – 14　Zn K edge k^3 – weighted EXAFS（left）and their Fourier transforms（right）of zinc extracts in the organic phase. Phase shifts on FTs are not corrected

表 6 – 2　萃取有机相 k^3 – 加权 Zn K 边 EXAFS 光谱拟合结果*

Table 6 – 2　The best fitting parameters of EXAFS spectra of zinc extracts in the organic phase

样品	壳层	N^a	r^b	$\sigma^2（\times10^{-3}）^c$	ΔE_0^d	$R/\%^e$
TOPO	Zn—O	5.2(5)	2.04(2)	4.1(6)	6.1(5)	8.1
	Zn—C	4^f	2.96(1)	6.1(4)		
TBuP	Zn—O	5.4(6)	2.04(1)	8.5(8)	5.7 (3)	11.4
	Zn—C	4^f	2.95(2)	7.8(7)		
TBP	Zn—O	4.8(5)	2.03(2)	5.3(4)	5.8(3)	9.5
	Zn—C	4^f	2.94(1)	6.6(5)		

* 拟合范围：$\Delta k = 2.5 \sim 10.8$ Å^{-1}，$\Delta R = 1.0 \sim 3.0$ Å；括号内的值为统计不确定度；

a 为配位数；b 为平均键长（Å）；c 为 Debye – Waller 因子（Å^2）；d 为能量位移（eV）；e 为拟合因子；f 为固定参数

6.5 氨性溶液中离子液体萃取体系萃锌研究

本节主要考察了以 β - 二酮为萃取剂, 分别以 [BMIM]PF$_6$、[OMIM]PF$_6$、[BMIM]NTf$_2$ 和 [OMIM]NTf$_2$ 为溶剂的四个离子液体萃取体系从氨性溶液中萃取锌离子的行为和萃合物的结构。

6.5.1 水相 pH 的影响

固定水相硫酸铵浓度为 1.0 mol/L、萃取剂浓度为 0.4 mol/L, 分别考察了水相 pH 对四种离子液体萃取体系萃锌性能的影响, 结果如图 6 - 15 所示。

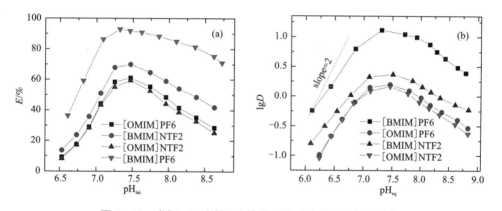

图 6 - 15 水相 pH 对离子液体萃取体系锌萃取平衡的影响

（a）初始 pH 与锌萃取百分率的关系；（b）平衡 pH 与锌分配比的关系

Fig. 6 - 15 pH dependance of zinc extraction for different ionic liquids

（a）the relationship between %E and pH$_{ini}$；（b）the relationship between lg$D$ and pH$_{eq}$

由图可知, 四种离子液体萃取体系的萃锌性能按 [BMIM]PF$_6$、[BMIM]NTf$_2$、[OMIM]PF$_6$ 和 [OMIM]NTf$_2$ 的顺序依次降低。水相 pH 明显影响离子液体萃取体系在氨性溶液中的萃锌行为, 锌萃取率均随水相初始 pH 升高而增加; 当 pH 约为7.3 时, 锌萃取率达到最大值, [BMIM]PF$_6$、[BMIM]NTf$_2$、[OMIM]PF$_6$ 和 [OMIM]NTf$_2$ 液体萃取体系的萃取率分别为 92.8%、69.9%、61.1% 和 59.4%, 之后随 pH 升高缓慢下降。这一现象与常见的有机溶剂萃取体系在氨性溶液中的萃锌过程类似[93], 其主要原因主要是水相物种的变化, 升高 pH 使水相锌氨配合物浓度增加, 从而抑制了萃取过程的进行。图 6 - 15(b)为水相平衡 pH 与锌分配比的关系。理论上, 萃取 1 mol 锌离子将产生 2 mol 氢离子, 即平衡 pH 与 lg$D$ 直线的斜率应为 2。由图中直线斜率可知, 三种离子液体萃取体系均偏离了理论值,其原因主要有两方面：一是氨性溶液中萃取过程产生的氢离子部分与氨发生了反应，影响了平衡 pH；二是水相锌氨物种的生成抑制了锌离子的萃取。

6.5.2 萃取剂浓度的影响

在水相硫酸铵浓度为 1.0 mol/L、pH = 8.2 条件下，四种离子液体萃取体系中 β – 二酮浓度与锌分配比的关系如图 6 – 16 所示。

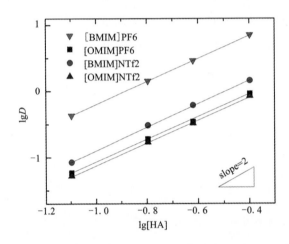

图 6 – 16 不同离子液体萃取体系中萃取剂浓度与锌分配比的关系

Fig. 6 – 16 The relationship between lg$D$ and HA concentration for different ionic liquids

由图中 lg[HA] 与 lg$D$ 直线的斜率可知，每摩尔锌离子均与 2 摩尔萃取剂分子结合萃取进入离子液体相，说明锌离子在离子液体萃取体系的配位行为与常见的有机溶剂萃取体系相同。同时，四种离子液体萃取体系的萃取性能 [BMIM]PF$_6$ > [BMIM]NTf$_2$ > [OMIM]PF$_6$ > [OMIM]NTf$_2$，后三种离子液体萃取体系的萃取性能显著低于 [BMIM]PF$_6$ 萃取体系。文献表明[251~253]，增加离子液体阳离子组分的碳链长度或阴离子的体积会明显增大离子液体的疏水性，从而降低其极性；由于阳离子 OMIM$^+$ 比 BMIM$^+$ 具有更长的碳链，且阴离子 NTf$_2^-$ 比 PF$_6^-$ 具有更大体积的分子结构，四种离子液体的疏水性大小为 [BMIM]PF$_6$ < [BMIM]NTf$_2$ < [OMIM]PF$_6$ < [OMIM]NTf$_2$，其顺序与锌萃取性能顺序相反，表明亲水性较强的离子液体更有利于锌的萃取；由前文分析结果可知，有机相中部分锌萃合物与水分子或氨分子配位，由于疏水性越弱的离子液体极性通常较强，从而促进了水合及氨配位锌萃合物的分配。此外，增大阴离子组分的分子体积不但使离子液体疏水性降低，同时会使其溶液黏度增加，从而增大了萃取过程萃合物的传质阻力，可能也会抑制锌萃合物的分配。

6.5.3　总氨浓度的影响

固定水相 pH = 8.2、萃取剂浓度为 0.4 mol/L, 分别考察了水相总氨浓度对四种离子液体萃取体系萃锌性能的影响。由图 6 – 17 可知, 水相氨浓度对锌的萃取性能影响十分明显。当总氨浓度为 1.0 mol/L 时, [BMIM]PF_6、[BMIM]NTf_2、[OMIM]PF_6 和 [OMIM]NTf_2 萃取体系的萃取率分别为 95.3%、83.4%、81.6% 和 78.8%; 随着水相总氨浓度的升高, 在固定 pH 条件下相应的自由氨浓度增大, 促进了锌氨配合物的生成, 导致离子液体萃取体系的萃锌性能急剧降低, 当总氨浓度为 3.0 mol/L 时, 相应的萃取率分别降到 70.3%、35.3%、23.9% 和 1.4%。

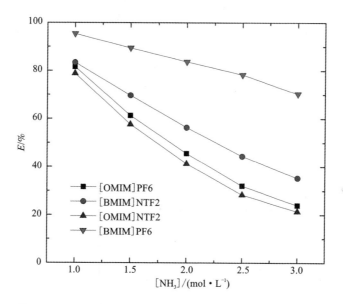

图 6 – 17　不同离子液体体系中总氨浓度与锌分配比的关系

Fig. 6 – 17　The relationship between $E\%$ and total ammonia concentration for different ionic liquids

6.5.4　有机相 IR 光谱分析

由于离子液体的 IR 光谱较复杂, 为便于分析, 将四种离子液体分为六氟磷酸基萃取体系和双三氟甲磺酰亚胺基萃取体系分别进行比较, 其纯离子液体和萃取体系反应前后的 IR 光谱分别如图 6 – 18 和图 6 – 19 所示。

由图 6 – 18 可以看出, 萃取反应前, 六氟磷酸基萃取体系在 1602 cm^{-1} 处出现烯醇式结构的 C$\Longrightarrow$O 振动吸收峰, 在 3433 cm^{-1} 处出现明显的—OH 振动吸收, 且在 3591 cm^{-1} 和 3676 cm^{-1} 处附近出现两个小振动峰, 应归属于自由水分子的振

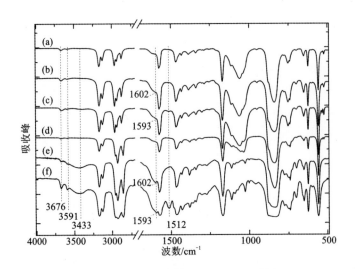

图 6-18 六氟磷酸基萃取体系的红外吸收光谱

Fig. 6-18 IR spectroscopies of organic phase for hexafluorophosphate – based ionic liquids

(a)［BMIM］PF$_6$ – blank；(b)［BMIM］PF$_6$ + HA；(c)［BMIM］PF$_6$ + HA + Zn；

(d)［OMIM］PF$_6$ – blank；(e)［OMIM］PF$_6$ + HA；(f)［OMIM］PF$_6$ + HA + Zn

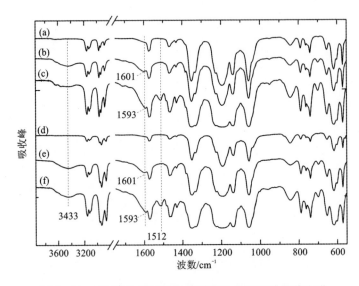

图 6-19 双三氟甲磺酰亚胺基萃取体系的红外吸收光谱

Fig. 6-19 IR spectroscopies of organic phase for bis(trifluoromethane) sulfonimide – based ionic liquids

(a)［BMIM］NTf$_2$ – blank；(b)［BMIM］NTf$_2$ + HA；(c)［BMIM］NTf$_2$ + HA + Zn；

(d)［OMIM］NTf$_2$ – blank；(e)［OMIM］NTf$_2$ + HA；(f)［OMIM］NTf$_2$ + HA + Zn

动吸收,因为离子液体通常可溶解少量水[254,255],与锌离子配位后,C═O 振动峰红移至 1593 cm^{-1} 处,且在 1512 cm^{-1} 处出现新的萃合物螯合环的吸收峰。对于双三氟甲磺酰亚胺基萃取体系,如图 6 − 19 所示,在 3591 cm^{-1} 和 3676 cm^{-1} 处附近的振动峰明显减弱,表明水在[BMIM]NTf$_2$ 和[OMIM]NTf$_2$ 中的溶解度大大降低,其疏水性明显增强。萃取锌离子后,有机相 1602 cm^{-1} 处的 C═O 振动吸收峰红移至 1593 cm^{-1} 处,且在 1512 cm^{-1} 处附近出现新的吸收峰,与六氟磷酸基萃取体系萃合物的光谱一致。

6.5.5　有机相 X 射线吸收光谱分析

为了进一步分析不同离子液体萃取体系中锌萃合物的结构,采用 X 射线吸收光谱对萃取有机相中锌萃合物的结构进行了表征。图 6 − 20 为四种离子液体中萃合物的归一化 Zn K 边 XANES 谱。由图可知,四种离子液体萃取体系中锌萃合物的近边吸收光谱白线峰强度按[BMIM]PF$_6$、[BMIM]NTf$_2$、[OMIM]PF$_6$、[OMIM]NTf$_2$ 的顺序略有降低;与壬烷的萃取体系相比,四个离子液体萃取体系的 XANES 光谱在 9665 eV 处的白线峰强度均增加,而 9680 eV 处的肩峰明显减弱,表明锌萃合物结构的疏水性和极性改变[171],该特征反映了离子液体萃取相中锌萃合物主要以五配位结构为主,由于离子液体比常见的有机溶剂具有更大的极性,使水分子和氨分子在离子液体中更容易与锌萃合物结合,形成水合及氨配位锌萃合物;因此,强极性的[BMIM]PF$_6$ 萃取体系的萃锌性能显著优于其他三个萃取体系。

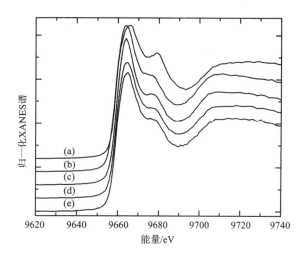

图 6 − 20　萃取有机相的归一化 Zn K 边 XANES 光谱

Fig. 6 − 20　Normalized Zn K edge XANES spectroscopy of the extracted organic phase

(a)nonane;(b)[BMIM]PF$_6$;(c)[OMIM]PF$_6$;(d)[BMIM]NTf$_2$;(e)[OMIM]NTf$_2$

图 6-21 为四种离子液体中萃合物的 k^3-加权 Zn K 边 EXAFS 光谱及其傅里叶变换谱。对比 EXAFS 光谱可知，在低 k 空间内锌萃合物在四种离子液体中具有相似的幅度和相位移函数，表明其内层配位结构基本相同，但在 $k > 8.0 Å^{-1}$ 后，其幅度和相位移函数均发生改变；而且，从相应的傅里叶变换谱可以看出，在极性较强的 [BMIM]PF$_6$ 萃取体系中出现四个明显的吸收峰(图中 A、B、C、D 峰)，随着离子液体疏水性的增强，A 峰的强度和径向分布位置略微降低，这是由萃合物的水合和氨配位程度随溶剂疏水性增加而降低引起的；比较明显的是，D 峰随着离子液体疏水性增强而逐渐减弱至消失，这可能是由于在极性较大的离子液体中离子组分可能与锌萃合物外层发生相互作用，随着离子液体疏水性增强、极性降低，相互作用的程度降低，导致 D 峰逐渐消失，而这也可能是 [BMIM]PF$_6$ 萃取体系具有强的萃锌能力的原因之一。

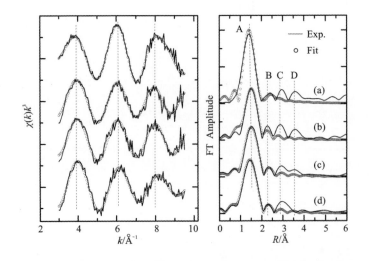

图 6-21 萃取有机相 k^3-加权 Zn K 边 EXAFS 光谱和傅里叶变换谱

Fig. 6-21 Zn K edge k^3-weighted EXAFS (left) and their Fourier transforms (right) of zinc extracts in the organic phase. Phase shifts on FTs are not corrected

(a)[BMIM]PF$_6$; (b)[OMIM]PF$_6$; (c)[BMIM]NTf$_2$; (d)[OMIM]NTf$_2$

萃取有机相的 k^3-加权 Zn K 边 EXAFS 光谱拟合结果如表 6-3 所示。由表中数据可知，在离子液体中锌萃合物第一层配位原子的平均配位数在 5 左右，平均原子间距离约 2.04 Å，表明锌萃合物主要以五配位结构存在；随着离子液体极性降低，第一层平均配位数和 Zn—O 平均配位距离略有所降低。

表 6－3　萃取有机相 k^3 －加权 Zn K 边 EXAFS 光谱拟合结果 *

Table 6－3　The best fitting parameters of EXAFS spectra of zinc extracts in the organic phase

样品	N_{Zn-O}^a	r_{Zn-O}^b	$\sigma^2/(\times 10^{-3})^c$	ΔE_0^d	$R/\%^e$
［BMIM］PF$_6$	5.2 (4)	2.04 (2)	5.1 (6)	3.8 (4)	10.2
［BMIM］NTf$_2$	5.3 (5)	2.04 (2)	6.7 (4)	4.7 (3)	6.3
［OMIM］PF$_6$	4.7 (6)	2.03 (2)	9.2 (7)	3.9 (6)	8.7
［OMIM］NTf$_2$	4.6 (5)	2.01 (1)	8.8 (5)	3.2 (5)	8.1

* 拟合范围：$\Delta k = 3.0 \sim 9.7$ Å^{-1}，$\Delta R = 1.0 \sim 3.0$ Å；括号内的值为统计不确定度；

a 为配位数；b 为平均键长（Å）；c 为 Debye－Waller 因子（Å^2）；d 为能量位移（eV）；e 为拟合因子

6.5.6　萃取有机相的循环再生

　　以上单次萃取实验结果表明，离子液体萃取体系在氨性溶液中具有较好的萃锌性能，尤其是［BMIM］PF$_6$体系在高 pH 范围内萃锌性能仍比较稳定，但离子液体萃取体系的稳定性和循环性能对其实际应用非常关键。图 6－22 为五次萃取—反萃循环试验结果。由图可以看出，极性较低的离子液体其萃取反萃性能均较稳定，但其萃取性能较低；而极性较大的离子液体在前三次循环中萃取性能和反萃性能均有一定程度的下降，其原因可能是极性较大的离子液体易与水相溶液组分相互作用[244, 256]，导致其稳定性和反萃性能均不如疏水性大的离子液体；但三次循环以后，萃取性能和反萃性能均基本保持稳定，表明四种离子液体萃取体系用于氨性溶液中萃取锌离子时具有较好的稳定性。

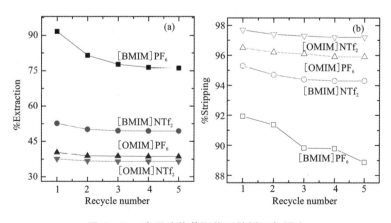

图 6－22　离子液体萃取体系的循环与再生

Fig. 6－22　Recycling experiments of IL extraction systems

6.6 本章小结

本章对比研究了氨性溶液中锌离子萃取过程的溶剂效应和协同萃取效应，并首次研究了离子液体萃取体系从氨性溶液中萃取锌离子的行为，分析了水和氨在萃取有机相中的分配规律，并用 X 射线吸收光谱等溶液结构分析方法研究了萃取有机相的物种及其结构，从微观角度分析了产生锌萃取行为差异的本质原因，得出如下结论：

（1）对壬烷、甲苯和正辛醇三种溶剂萃取体系进行了考察，在 pH = 7.26 时，正辛醇、甲苯和壬烷的萃取体系的锌萃取率分别为 91.4%、49.8% 和 48.7%，表明增大溶剂极性可明显提高氨性溶液中锌离子的萃取率，锌离子萃取过程具有明显的溶剂效应，锌萃合物结构研究表明疏水性较低的水合和氨配位萃合物易与极性溶剂分子通过氢键相互作用，从而增强锌萃合物在有机相中的分配；但在高 pH 范围内辛醇萃取体系的锌离子萃取率仍急剧下降，说明增大溶剂极性难以促进四面体构型锌氨离子的萃取。

（2）对 TBP、TBuP 和 TOPO 三种含磷协萃体系进了考察，在 pH = 7.26 时，TOPO、TBuP 和 TBP 萃取体系的萃取率分别达到 99.4%、98.7% 和 74.4%，且 TOPO 和 TBuP 萃取体系在 7.26 < pH < 8.38 范围内具有比较稳定的萃取性能，表明加入协萃剂可明显提高氨性溶液中锌的萃取率；萃合物结构研究结果表明，协同配体通过与锌萃合物（ZnA_2）配位以及取代水合和氨配位锌萃合物中的水分子和氨分子，形成五配位 $ZnA_2 \cdot B$ 萃合物，增强了萃合物的稳定性和疏水性，从而促进了锌离子在有机相中的分配。

（3）β – 二酮与疏水性离子液体混合萃取体系可用于氨性溶液中锌离子的萃取，其萃取性能 $[BMIM]PF_6 > [BMIM]NTf_2 > [OMIM]PF_6 > [OMIM]NTf_2$；在 pH = 7.30 时，其萃取率分别为 92.8%、69.9%、61.1% 和 59.4%；结果表明，极性较强的离子液体混合协萃体系明显有利于锌的萃取，因为极性较大的离子液体的离子组分可能与锌萃合物外配位层相互作用，从而增强了萃合物的稳定性，促进了锌离子的萃取；在四种离子液体中，锌萃合物主要以五配位结构存在。

（4）在以上三类萃取体系中，均发现锌的萃取率随水相 pH 升高而增加，在 pH 约为 7.3 时达到最大，然后迅速降低，表明这一特殊的实验现象不受有机相组分和性质的影响，其主要原因如第五章所述，由于 pH > 7.3 时水相优势物种为四面体构型的锌氨物种，锌离子配位结构从八面体向四面体构型的改变使其稳定性明显增加，从而抑制了锌的萃取。

（5）以上研究结果表明，通过溶剂效应增大水合和氨配位萃合物在有机相中的溶解度，或者通过协同效应生成稳定性更高、疏水性更强的锌萃合物，均可明显促进较高 pH 下四面体构型的锌氨物种的萃取反应，这为"氨浸—萃取—电积"工艺处理低品位氧化锌矿提供了理论基础。

参考文献

[1] 黄伯云.我国有色金属材料现状及发展战略[J].中国有色金属学报,2004,14(F01):122-127.

[2] 中国有色金属工业协会.中国有色金属工业年鉴[M].北京:中国有色金属工业协会,2011.

[3] 林如海.中国有色金属矿物资源开发现状及展望[J].中国金属通报,2011(35):2-7.

[4] 文世澄.中国矿产资源特点与前景[J].中国矿业,1996,5(5):5.

[5] 于光.关于矿产资源可持续发展的理性思考[J].资源产业,2005,7(1):25-28.

[6] 毛小兵.论我国有色金属矿产资源开发的理论导向[J].矿业研究与开发,2005,25(001):10-13.

[7] 李海波,卢才武.矿产资源开发与可持续发展[J].黄金科学技术,2000,8(002):10-14.

[8] 张葛.本世纪全球铜业的机遇与挑战[J].世界有色金属,2011,(11):30-31.

[9] 晓华.世界铜镍矿物原料基地:回顾与展望(上)[J].国土资源情报,2008,(11):34-40.

[10] Warner A, Díaz C, Dalvi A,et al. JOM world nonferrous smelter survey Part IV:Nickel:Sulfide[J].JOM Journal of the Minerals, Metals and Materials Society, 2007, 59(4):58-72.

[11] 晓华.世界铜镍矿物原料基地:回顾与展望(下)[J].国土资源情报,2008,(12):32-39.

[12] 张莓.全球铅锌资源及勘查进展[J].世界有色金属,2012(2):64-65.

[13] Norgate T, Jahanshahi S. Low grade ores – Smelt, leach or concentrate? [J]. Miner Eng, 2010,23(2):65-73.

[14] 张雷.我国可持续发展的矿产资源基础[J].自然资源学报,1998,13(2):133-138.

[15] 曹异生.国际湿法炼铜最新进展[J].世界有色金属,1995,(04):10-17.

[16] 张寿庭,赵鹏大.斑岩型矿床—非传统矿产资源研究的重要对象[J].地球科学(中国地质大学学报),2011,38(2):247-254.

[17] 王文军.矿山难选氧化铜矿处理工艺及新技术[J].铜业工程,2012(1):19-22.

[18] 翟秀静,符岩,衣淑立.镍红土矿的开发与研究进展[J].世界有色金属,2008(8):36-38.

[19] Warner AEM, Diaz C, Dalvi A,et al. JOM world nonferrous smelter survey, Part III:Nickel:Laterite[J]. JOM Journal of the Minerals, Metals and Materials Society, 2006, 58(4):11-20.

[20] 彭犇,岳清瑞,李建军,等.红土镍矿利用与研究的现状与发展[J].有色金属工程,2012,1(4):15-22.

[21] 刘红卫,蔡江松,王红军,等.低品位氧化锌矿湿法冶金新工艺研究[J].有色金属(冶炼部分),2005(05):29-31.

［22］陈世明，瞿开流.兰坪氧化锌矿石处理方法探讨［J］.云南冶金，1998（05）：32－36.

［23］张小并.铜湿法冶金工艺发展概况［J］.世界采矿快报，1996（11）：6－8.

［24］李士彬，李宏志，王素萍.我国矿产资源综合利用分析及对策研究［J］.资源与产业，2011，13（4）：99－104.

［25］马荣骏.湿法冶金新发展［J］.湿法冶金，2007，26（1）：1－12.

［26］马明煌.浸出方法发展新趋势和远景［J］.湿法冶金，1992（4）：36－42.

［27］刘维平，邱定蕃，卢惠民.湿法冶金新技术进展［J］.矿冶工程，2003（05）：39－42.

［28］李艳军，于海臣，王德全，等.红土镍矿资源现状及加工工艺综述［J］.金属矿山，2010，413（11）：5－9.

［29］杨晓霞.镍矿的湿法冶金研究现状与发展前景［J］.世界有色金属，2010（007）：44－45.

［30］李启厚，王娟，刘志宏.世界红土镍矿资源开发及其湿法冶金技术的进展［J］.矿产保护与利用，2009（006）：42－46.

［31］刘三平，王海北，蒋开喜，等.中国湿法炼锌的新进展［J］.矿冶，2009（04）：27－31.

［32］马荣骏.改进湿法炼锌工艺的新设想［J］.湖南有色金属，2002（02）：11－13.

［33］Tasker PA, Plieger PG, West LC. Metal complexes for hydrometallurgy and extraction. In：McCleverty JA, Meyer TJ, editors. Comprehensive Coordination Chemistry II［M］. Oxford：Pergamon；2003；759－808.

［34］Benedict CH. Solution. US Patent：1131986［P］.1915.

［35］刘殿文，张文彬.东川汤丹难处理氧化铜矿加工利用技术进步［J］.中国工程科学，2005（S1）：260－265.

［36］Mackenzie M, Virnig M, Feather A. The recovery of nickel from high－pressure acid leach solutions using mixed hydroxide product－LIX ⑧ 84－INS technology［J］. Miner Eng, 2006, 19（12）：1220－1233.

［37］李勇，王吉坤，任占誉，等.氧化锌矿处理的研究现状［J］.矿冶，2009（02）：61－67.

［38］张保平，唐谟堂.氨浸法在湿法炼锌中的优点及展望［J］.江西有色金属，2001，15（4）：27－28.

［39］杨声海，李英念，巨少华，等.用 NH_4Cl 溶液浸出氧化锌矿石［J］.湿法冶金，2007，25（4）：179－182.

［40］Chen Q, Li L, Bai L, et al. Synergistic extraction of zinc from ammoniacal ammonia sulfate solution by a mixture of a sterically hindered β－diketone and tri－n－octylphosphine oxide（TOPO）［J］. Hydrometallurgy, 2010, 105（3－4）：201－206.

［41］王玉棉，李军强.微生物浸矿的技术现状及展望［J］.甘肃冶金，2004，26（001）：36－39.

［42］Watling HR. The bioleaching of sulphide minerals with emphasis on copper sulphides—A review［J］. Hydrometallurgy, 2006, 84（1－2）：81－108.

［43］高曙光，张卫民，严思静.低品位原生硫化铜矿微生物浸出工艺研究进展［J］.湿法冶金，2008，27（2）：67－71.

［44］Watling H. The bioleaching of nickel－copper sulfides［J］. Hydrometallurgy, 2008, 91（1－4）：70－88.

［45］赵思佳，翁毅，肖超.镍钴硫化矿生物浸出研究进展［J］.湖南有色金属，2012，27（6）：10 － 16.

［46］石绍渊，张广积.硫化锌矿的生物浸出［J］.国外金属矿选矿，2002，39（2）：12 － 19.

［47］Deveci H，Akcil A，Alp I. Bioleaching of complex zinc sulphides using mesophilic and thermophilic bacteria：comparative importance of pH and iron［J］. Hydrometallurgy，2004，73（3）：293 － 303.

［48］Ehrlich HL. Past，present and future of biohydrometallurgy［J］. Hydrometallurgy，2001，59（2 － 3）：127 － 134.

［49］Ndlovu S. Biohydrometallurgy for sustainable development in the African minerals industry［J］. Hydrometallurgy，2008，91（1 － 4）：20 － 27.

［50］Lewis AE. Review of metal sulphide precipitation［J］. Hydrometallurgy，2010，104（2）：222 － 234.

［51］Ntuli F，Lewis AE. Kinetic modelling of nickel powder precipitation by high － pressure hydrogen reduction［J］. Chemical Engineering Science，2009，64（9）：2202 － 2215.

［52］Van Deventer J. Selected ion exchange applications in the hydrometallurgical industry［J］. Solvent Extraction and Ion Exchange，2011，29（5 － 6）：695 － 718.

［53］Zainol Z，Nicol MJ. Comparative study of chelating ion exchange resins for the recovery of nickel and cobalt from laterite leach tailings［J］. Hydrometallurgy，2009，96（4）：283 － 287.

［54］张汉鹏.液膜分离在金属离子分离中的应用研究［J］.过滤与分离，2008，18（1）：1 － 3.

［55］Kumbasar RA，Şahin İ. Separation and concentration of cobalt from ammoniacal solutions containing cobalt and nickel by emulsion liquid membranes using 5，7 － dibromo － 8 － hydroxyquinoline（DBHQ）［J］. J Membr Sci，2008，325（2）：712 － 718.

［56］Kumbasar RA，Kasap S. Selective separation of nickel from cobalt in ammoniacal solutions by emulsion type liquid membranes using 8 － hydroxyquinoline（8 － HQ）as mobile carrier［J］. Hydrometallurgy，2009，95（1 － 2）：121 － 126.

［57］Kumbasar R. Selective extraction of nickel from ammoniacal solutions containing nickel and cobalt by emulsion liquid membrane using 5，7 － dibromo － 8 － hydroxyquinoline（DBHQ）as extractant［J］. Miner Eng，2009，22（6）：530 － 536.

［58］Ritcey GM. Solvent Extraction in Hydrometallurgy：Present and Future［J］. Tsinghua Science and Technology，2006，11（2）：137 － 152.

［59］Robinson T，Sandoval S，Cook P. World copper solvent extraction plants：Practices and design［J］. JOM Journal of the Minerals，Metals and Materials Society，2003，55（7）：24 － 26.

［60］郭亚惠.铜湿法冶金现状及未来发展方向［J］.中国有色冶金，2006（04）：13 － 18.

［61］肖超，肖连生.钴，镍萃取分离原理与方法［J］.湿法冶金，2010，29（004）：225 － 228.

［62］Deep A，de Carvalho JMR. Review on the Recent Developments in the Solvent Extraction of Zinc［J］. Solvent Extraction and Ion Exchange，2008，26（4）：375 － 404.

［63］李淑文.即将实施的锌矿山项目——成功的关键在于锌的溶剂萃取［J］.有色冶炼，2003（04）：8 － 11.

[64] Scuffham JB, Rowden GA. Solvent extraction of metals from ammoniacal solutions[J]. Min Eng, 1973, 25(12): 33 – 34.

[65] Parija C, Bhaskara Sarma PVR. Separation of nickel and copper from ammoniacal solutions through co – extraction and selective stripping using LIX84 as the extractant[J]. Hydrometallurgy, 2000, 54(2 – 3): 195 – 204.

[66] Nathsarma KC, Bhaskara Sarma PVR. Processing of ammoniacal solutions containing copper, nickel and cobalt for metal separation[J]. Hydrometallurgy, 1993, 33(1 – 2): 197 – 210.

[67] Pandey BD, Kumar V, Bagchi D, et al. Extraction of nickel and copper from the ammoniacal leach solution of sea nodules by LIX 64N[J]. Industrial & Engineering Chemistry Research, 1989, 28(11): 1664 – 1669.

[68] Alguacil FJ, Navarro P. Non – dispersive solvent extraction of Cu(II) by LIX 973N from ammoniacal/ammonium carbonate aqueous solutions[J]. Hydrometallurgy, 2002, 65(1): 77 – 82.

[69] Alguacil FJ. Mechanistic study of active transport of copper(II) from ammoniacal/ammonium carbonate medium using LIX 973N as a carrier across a liquid membrane[J]. Hydrometallurgy, 2001, 61(3): 177 – 183.

[70] Sridhar V, Verma JK, Kumar SA. Selective separation of copper and nickel by solvent extraction using LIX 984N[J]. Hydrometallurgy, 2009, 99(1 – 2): 124 – 126.

[71] Kyuchoukov G, Bogacki MB, Szymanowski J. Copper extraction from ammoniacal solutions with LIX 84 and LIX 54[J]. Ind Eng Chem Res, 1998, 37(10): 4084 – 4089.

[72] Rosinda M, Ismael C, Lurdes M, et al. Extraction Equilibrium of Copper from Ammoniacal Media with LIX 54[J]. Separ Sci Technol, 2004, 39(16): 3859 – 3877.

[73] Mickler W, Uhlemann E. Liquid – Liquid Extraction of Copper from Ammoniacal Solution with β – Diketones[J]. Separ Sci Technol, 1992, 27(12): 1669 – 1674.

[74] Alguacil FJ, Alonso M. Recovery of copper from ammoniacal/ammonium sulfate medium by LIX 54[J]. J Chem Technol Biotechnol, 1999, 74(12): 1171 – 1175.

[75] Gameiro MLF, Ismael MRC, Reis MTA, et al. Recovery of copper from ammoniacal medium using liquid membranes with LIX 54[J]. Sep Purif Technol, 2008, 63(2): 287 – 296.

[76] 梁啟文. 高位阻 β – 二酮合成及氨性蚀刻废液中铜萃取研究[D]. 长沙: 中南大学, 2011.

[77] Rao KS, Sahoo PK. Effect of ammonium salts on the extraction of copper using Hostarex DK – 16 [J]. Hydrometallurgy, 1993, 33(1 – 2): 211 – 218.

[78] Przeszlakowski S, Wydra H. Extraction of nickel, cobalt and other metals[Cu, Zn, Fe(III)] with a commercial β – diketone extractant[J]. Hydrometallurgy, 1982, 8(1): 49 – 64.

[79] Fu W, Chen Q, Hu H, et al. Solvent extraction of copper from ammoniacal chloride solutions by sterically hindered β – diketone extractants[J]. Sep Purif Technol, 2011, 80(1): 52 – 58.

[80] 陈永强, 邱定蕃, 王成彦, 等. 从氨性溶液中萃取分离铜、钴的研究[J]. 矿冶, 2003, 12(003): 61 – 63.

[81] Rice NM, Nedved M, Ritcey GM. The extraction of nickel from ammoniacal media and its separation from copper, cobalt and zinc using hydroxyoxime extractants I. SME – 529[J]. Hydromet-

allurgy, 1978, 3(1): 35 – 54.

[82] Parija C, Reddy BR, Bhaskara Sarma PVR. Recovery of nickel from solutions containing ammonium sulphate using LIX 84 – I[J]. Hydrometallurgy, 1998, 49(3): 255 – 261.

[83] Bhaskara Sarma PVR, Nathsarma KC. Extraction of nickel from ammoniacal solutions using LIX 87QN[J]. Hydrometallurgy, 1996, 42(1): 83 – 91.

[84] Alguacil FJ, Cobo A. Solvent extraction with LIX 973N for the selective separation of copper and nickel[J]. Journal of Chemical Technology & Biotechnology, 1999, 74(5): 467 – 471.

[85] Sridhar V, Verma JK, Shenoy NS. Separation of nickel from copper in ammoniacal/ammonium carbonate solution using ACORGA M5640 by selective stripping[J]. Miner Eng, 2010, 23(5): 454 – 456.

[86] Alguacil FJ, Cobo A. Extraction of nickel from ammoniacal/ammonium carbonate solutions using Acorga M5640 in Iberfluid[J]. Hydrometallurgy, 1998, 50(2): 143 – 151.

[87] Alguacil FJ, Cobo A. Solvent extraction equilibrium of nickel with LIX 54[J]. Hydrometallurgy, 1998, 48(3): 291 – 299.

[88] Parhi PK, Panigrahi S, Sarangi K, et al. Separation of cobalt and nickel from ammoniacal sulphate solution using Cyanex 272[J]. Sep Purif Technol, 2008, 59(3): 310 – 317.

[89] Reddy B, Parija C, Sarma P. Processing of solutions containing nickel and ammonium sulphate through solvent extraction using PC – 88A[J]. Hydrometallurgy, 1999, 53(1): 11 – 17.

[90] W. Ashbrook A. Extraction of metals from ammonium sulphate solution using a carboxylic acid – II Nickel[J]. J Inorg Nucl Chem, 1972, 34(10): 3243 – 3249.

[91] Bacon G, Mihaylov I. Solvent extraction as an enabling technology in the nickel industry[J]. J S Afr Inst Min Metall, 2002, 102(8): 435 – 443.

[92] Hoh YC, Chou NP, Wang WK. Extraction of zinc by LIX 34[J]. Ind Eng Chem Proc Design Dev, 1982, 21(1): 12 – 15.

[93] Rao KS, Sahoo PK, Jena PK. Extractions of zinc from ammoniacal solutions by Hostarex DK – 16 [J]. Hydrometallurgy, 1992, 31(1 – 2): 91 – 100.

[94] Alguacil FJ, Cobo A. Extraction of zinc from ammoniacal/ammonium sulphate solutions by LIX 54[J]. J Chem Technol Biotechnol, 1998, 71(2): 162 – 166.

[95] 王延忠. 从氨浸出液中萃取锌的试验研究[J]. 有色金属, 2004, 56(1).

[96] 陈浩. Zn – NH$_3$ – H$_2$O 体系中 LIX54 萃取锌[J]. 有色金属, 2003, 55(3): 50 – 51.

[97] 张文彬, 胡显智, 字富庭, 等. 从氧化锌矿氨浸液中萃取锌的方法. 中国: 101503760 [P]. 2009.

[98] Fu W, Chen Q, Wu Q, et al. Solvent extraction of zinc from ammoniacal/ammonium chloride solutions by a sterically hindered β – diketone and its mixture with tri – n – octylphosphine oxide [J]. Hydrometallurgy, 2010, 100(3 – 4): 116 – 121.

[99] 何静, 黄玲, 陈永明, 等. 新型萃取剂 YORS 萃取 Zn(II) – NH$_3$ 配合物体系中的锌[J]. 中国有色金属学报, 2011, 21(3): 687 – 693.

[100] Shmidt VS. Some Problems of the Development of the Physicochemical Principles of Modern Ex-

traction Technology[J]. Russ Chem Rev, 1987, 56(8): 792.

[101] Matsubayashi I, Ishiwata E, Shionoya T, et al. Synergistic extraction of lanthanoids(III) with 2 – thenoyltrifluoroacetone and benzoic acid: thermodynamic parameters in the complexation in organic phases and the hydration[J]. Talanta, 2004, 63(3): 625 – 633.

[102] Hasegawa Y, Miratsu M, Choppin GR. Dehydration from tris[β – diketonato]lanthanoids(III) on the 1,10 – phenanthroline adduct formation across lanthanoid series[J]. Anal Chim Acta, 2001, 428(1): 149 – 154.

[103] Hasegawa Y, Miratsu M, Kondo T. Trend of variation of hydration number of tris[β – diketonato]lanthanoids(III) in chloroform across lanthanoid series[J]. Inorg Chim Acta, 2000, 303 (2): 291 – 294.

[104] Hasegawa Y, Ishiwata E, Ohnishi T, et al. Hydration Number of Tris[1 – (2 – thienyl) – 4,4, 4 – trifluoro – 1,3 – butanedionato]lanthanoids in Chloroform across the Lanthanoid Series [J]. Anal Chem, 1999, 71(22): 5060 – 5063.

[105] Imura H, Suzuki N. Solvent effect on the liquid – liquid partition coefficients of copper(II) chelates with some β – diketones[J]. Talanta, 1985, 32(8, Part 2): 785 – 790.

[106] Flett D, Melling J. Extraction of ammonia by commercial copper chelating extractants[J]. Hydrometallurgy, 1979, 4(2): 135 – 146.

[107] Flett D, Melling J. Extraction of ammonia by diketone extractants[J]. Hydrometallurgy, 1980, 5(2 – 3): 283.

[108] Olafson S. Process for removing and recovering ammonia from organic metal extractant solutions in a liquid – liquid metal extraction process. United States: [P]. 1998 Aug. 4, 1998.

[109] 刘晓荣, 邱冠周. Lix984N 的降解行为研究[J]. 矿冶工程, 2002, 22(3): 79 – 82.

[110] Kordosky GA, Virnig MJ, Mattison P. β – diketone copper extractants: structure and stability. International Solvent Extraction Conference. Cape Town, South Africa: South African Institute of Mining and Metallurgy, 2002: 360 – 365.

[111] 饶林峰. 热力学和光谱学方法在铜系元素络合化学研究中的应用[J]. 化学进展, 2011, 23(7): 1295 – 1307.

[112] Mazalov LN. Electronic Structure Effects in Extractions. I[J]. J Struct Chem, 2003, 44(1): 1 – 28.

[113] Mazalov LN. Electronic Structure Effects in Extraction. II[J]. J Struct Chem, 2003, 44(2): 268 – 294.

[114] Zapatero MJ, Castresana JM, Puy Elizalde M. Isolation and characterization of the active component in commercial extractant LIX 54[J]. Analytical Sciences, 1989, 5(5): 591 – 596.

[115] Cotton FA, Wise JJ. Assignment of the electronic absorption spectra of bis(β – ketoenolate) complexes of copper(II) and nickel(II)[J]. Inorg Chem, 1967, 6(5): 917 – 924.

[116] Buketova A. An IR – spectroscopic examination of copper – LIX984N extractant complexes[J]. Russian Journal of Applied Chemistry, 2009, 82(1): 23 – 26.

[117] Staszak K, Prochaska K. Investigation of the interaction in binary mixed extraction systems by

Fourier Transform Infrared Spectroscopy (FT – IR)[J]. Hydrometallurgy, 2008, 90(2 – 4): 75 – 84.

[118] Rudolph WW, Irmer G, Hefter GT. Raman spectroscopic investigation of speciation in $MgSO_4$ (aq)[J]. Physical Chemistry Chemical Physics, 2003, 5(23): 5253 – 5261.

[119] Rudolph WW, Mason R, Pye CC. Aluminium (III) hydration in aqueous solution. A Raman spectroscopic investigation and an ab initio molecular orbital study of aluminium (III) water clusters[J]. Physical Chemistry Chemical Physics, 2000, 2(22): 5030 – 5040.

[120] Rudolph WW, Pye CC. Zinc(II) Hydration in Aqueous Solution: A Raman Spectroscopic Investigation and An ab initio Molecular Orbital Study of Zinc(II) Water Clusters[J]. Journal of Solution Chemistry, 1999, 28(9): 1045 – 1070.

[121] Rudolph WW, Brooker MH, Tremaine PR. Raman Spectroscopy of Aqueous $ZnSO_4$ Solutions under Hydrothermal Conditions: Solubility, Hydrolysis, and Sulfate Ion Pairing[J]. Journal of Solution Chemistry, 1999, 28(5): 621 – 630.

[122] Rudolph WW, Pye CC. Raman spectroscopic measurements and ab initio molecular orbital studies of cadmium (II) hydration in aqueous solution[J]. The Journal of Physical Chemistry B, 1998, 102(18): 3564 – 3573.

[123] Rudolph WW. Hydration and water – ligand replacement in aqueous cadmium(II) sulfate solution A Raman and infrared study[J]. Journal of the Chemical Society, Faraday Transactions, 1998, 94(4): 489 – 499.

[124] Rudolph W, Irmer G. Raman and infrared spectroscopic investigation of contact ion pair formation in aqueous cadmium sulfate solutions[J]. Journal of Solution Chemistry, 1994, 23(6): 663 – 684.

[125] Xue Z, Daran J – C, Champouret Y, et al. Ligand Adducts of Bis(acetylacetonato)iron(II): A ^{1}H NMR Study[J]. Inorganic chemistry, 2011, 50(22): 11543 – 11551.

[126] Szabó Z, Vallet V, Grenthe I. Structure and dynamics of binary and ternary lanthanide (III) and actinide (III) tris[4, 4, 4 – trifluoro – 1 – (2 – thienyl) – 1, 3 – butanedione](TTA) complexes. Part 2, the structure and dynamics of binary and ternary complexes in the Y (III)/ Eu (III) – TTA – tributylphosphate (TBP) system in chloroform as studied by NMR spectroscopy[J]. Dalton Trans, 2010.

[127] Soderholm L, Skanthakumar S, Wilson RE. Structural Correspondence between Uranyl Chloride Complexes in Solution and Their Stability Constants[J]. The Journal of Physical Chemistry A, 2011, 115(19): 4959 – 4967.

[128] Scott RA. X – ray absorption spectroscopy[J]. Physical Methods in Bioinorganic Chemistry Spectroscopy and Magnetism, 2000: 465 – 503.

[129] Eisenberger P, Kincaid B. EXAFS: new horizons in structure determinations[J]. Science, 1978, 200(4349): 1441.

[130] Denecke MA. Actinide speciation using X – ray absorption fine structure spectroscopy[J]. Coordination Chemistry Reviews, 2006, 250(7 – 8): 730 – 754.

[131] Penner – Hahn JE. X – ray absorption spectroscopy in coordination chemistry[J]. Coord Chem Rev, 1999, 190: 1101 – 1123.

[132] Penner – Hahn JE. Characterization of "spectroscopically quiet" metals in biology[J]. Coord Chem Rev, 2005, 249(1 – 2): 161 – 177.

[133] Narita H, Tanaka M, Sato Y, et al. Structure of the Extracted Complex in the Ni(II) – LIX84I System and the Effect of D2EHPA Addition [J]. Solvent Extr Ion Exch, 2006, 24(5): 693 – 702.

[134] Gannaz B, Antonio MR, Chiarizia R, et al. Structural study of trivalent lanthanide and actinide complexes formed upon solvent extraction[J]. Dalton Transactions, 2006, (38): 4553 – 4562.

[135] Guoxin T, Yongjun Z, Jingming X, et al. Investigation of the extraction complexes of light lanthanides (III) with bis (2, 4, 4 – trimethylpentyl) dithiophosphinic acid by EXAFS, IR, and MS in comparison with the americium (III) complex[J]. Inorganic chemistry, 2003, 42(3): 735 – 741.

[136] Cocalia VA, Jensen MP, Holbrey JD, et al. Identical extraction behavior and coordination of trivalent or hexavalent f – element cations using ionic liquid and molecular solvents[J]. Dalton Transactions, 2005, (11): 1966 – 1971.

[137] Antonio MR, Dietz ML, Jensen MP, et al. EXAFS studies of cesium complexation by dibenzo – crown ethers in tri – n – butyl phosphate [J]. Inorganica Chimica Acta, 1997, 255 (1): 13 – 20.

[138] Jensen MP, Dzielawa JA, Rickert P, et al. EXAFS investigations of the mechanism of facilitated ion transfer into a room – temperature ionic liquid[J]. J Am Chem Soc, 2002, 124(36): 10664 – 10665.

[139] 高建勋, 王建晨, 宋崇立, 等. NMR 和 XAFS 方法研究溶液中杯芳冠醚与碱金属离子配位化学[J]. 物理化学学报, 2005, 21(4): 354 – 359.

[140] D'Angelo P, Barone V, Chillemi G, et al. Hydrogen and Higher Shell Contributions in Zn^{2+}, Ni^{2+}, and Co^{2+} Aqueous Solutions: An X – ray Absorption Fine Structure and Molecular Dynamics Study[J]. Journal of the American Chemical Society, 2002, 124(9): 1958 – 1967.

[141] D'Angelo P, Benfatto M, Della Longa S, et al. Evidence of distorted fivefold coordination of the Cu^{2+} aqua ion from an X – ray absorption spectroscopy quantitative analysis[J]. Phys Rev B, 2002, 66: 1 – 7.

[142] D'Angelo P, Benfatto M, Della Longa S, et al. Combined XANES and EXAFS analysis of Co^{2+}, Ni^{2+}, and Zn^{2+} aqueous solutions[J]. Physical Review B, 2002, 66(6): 064209.

[143] Foresman JB, Frisch E, Gaussian I. Exploring chemistry with electronic structure methods[J]. 1996.

[144] Koch W, Holthausen MC. A chemist's guide to density functional theory[M]. Wiley Online Library, 2001.

[145] Truhlar DG. Molecular Modeling of Complex Chemical Systems[J]. Journal of the American Chemical Society, 2008, 130(50): 16824 – 16827.

[146] Comba P, Gloe K, Inoue K, et al. Molecular Mechanics Calculations and the Metal Ion Selective Extraction of Lanthanoids[J]. Inorganic Chemistry, 1998, 37(13): 3310 – 3315.

[147] Peter C. Metal ion selectivity and molecular modeling[J]. Coordination Chemistry Reviews, 1999, 185 – 186: 81 – 98.

[148] Varadwaj PR, Cukrowski I, Marques HM. Low – spin complexes of Ni^{2+} with six NH_3 and H_2O ligands: A $DFT – RX_3LYP$ study[J]. J Mol Struc – Theochem, 2009, 902(1 – 3): 21 – 32.

[149] Varadwaj PR, Cukrowski I, Marques HM. DFT – UX3LYP Studies on the Coordination Chemistry of Ni^{2+}. Part 1: Six Coordinate $[Ni(NH_3)_n(H_2O)_{6-n}]^{2+}$ Complexes[J]. J Phys Chem A, 2008, 112(42): 10657 – 10666.

[150] Qaiser Fatmi M, Hofer TS, Rode BM. The stability of $[Zn(NH_3)_4]^{2+}$ in water: A quantum mechanical/molecular mechanical molecular dynamics study[J]. Phys Chem Chem Phys, 2010, 12(33): 9713 – 9718.

[151] Fatmi MQ, Hofer TS, Randolf BR, et al. Exploring Structure and Dynamics of the Diaquotriamminezinc (II) Complex by QM/MM MD Simulation[J]. J Phys Chem B, 2008, 112(18): 5788 – 5794.

[152] Fatmi MQ, Hofer TS, Randolf BR, et al. Stability of Different Zinc(II) – Diamine Complexes in Aqueous Solution with Respect to Structure and Dynamics: A QM/MM MD Study[J]. J Phys Chem B, 2007, 111(1): 151 – 158.

[153] Qaiser Fatmi M, Hofer TS, Randolf BR, et al. Structure and dynamics of the $[Zn(NH_3)(H_2O)_5]^{2+}$ complex in aqueous solution obtained by an ab initio QM/MM molecular dynamics study[J]. Phys Chem Chem Phys, 2006, 8(14): 1675 – 1681.

[154] Fatmi MQ, Hofer TS, Randolf BR, et al. Temperature Effects on the Structural and Dynamical Properties of the Zn(II) – Water Complex in Aqueous Solution: A QM/MM Molecular Dynamics Study[J]. The Journal of Physical Chemistry B, 2005, 110(1): 616 – 621.

[155] Fatmi MQ, Hofer TS, Randolf BR, et al. An extended ab initio QM/MM MD approach to structure and dynamics of Zn (II) in aqueous solution[J]. J Chem Phys, 2005, 123: 4514.

[156] Cao X, Heidelberg D, Ciupka J, et al. First – Principles Study of the Separation of Am(III)/Cm(III) from EuIII with Cyanex301[J]. Inorganic Chemistry, 2010: 323 – 576.

[157] Galand N, Wipff G. Uranyl Extraction by β – Diketonate Ligands to SC – CO_2: Theoretical Studies on the Effect of Ligand Fluorination and on the Synergistic Effect of TBP[J]. The Journal of Physical Chemistry B, 2005, 109(1): 277 – 287.

[158] Tasker P, Gasperov V. Ligand Design for Base Metal Recovery[J]. Macrocyclic Chemistry, 2005: 365 – 382.

[159] Alguacil FJ, Alonso M. The effect of ammonium sulphate and ammonia on the liquid – liquid extraction of zinc using LIX 54[J]. Hydrometallurgy, 1999, 53(2): 203 – 209.

[160] 付翁. 高位阻 β – 二酮萃取剂的制备及其对氨性溶液中铜和锌萃取性能的研究[D]. 长沙: 中南大学, 2010.

[161] Zawadiak J, Mrzyczek M. UV absorption and keto – enol tautomerism equilibrium of methoxy

and dimethoxy 1,3 – diphenylpropane – 1,3 – diones[J]. Spectrochimica Acta Part A: Molecular and Biomolecular Spectroscopy, 2010, 75(2): 925 – 929.

[162] 郑春阳, 汪敦佳, 范玲. 几种 β – 二酮化合物互变异构体的光谱性质研究[J]. 分析测试学报, 2009, 28(4): 445 – 448.

[163] 褚庆辉, 高连勋, 汪冬梅, 等. 几种 β – 二酮化合物及其互变异构体的光谱[J]. 高等学校化学学报, 2000, 21(3): 439 – 443.

[164] Nekoei A – R, Tayyari SF, Vakili M, et al. Conformation and vibrational spectra and assignment of 2 – thenoyltrifluoroacetone [J]. Journal of Molecular Structure, 2009, 932 (1 – 3): 112 – 122.

[165] GB/T 15249.3—2009, 合质金化学分析方法第 3 部分: 铜量的测定 碘量法[S]. 北京: 中华人民共和国国家质量监督检验检疫总局, 2009.

[166] HB/Z 5083—2001, 金属镀覆和化学覆盖溶液分析用试剂[S]. 北京: 国防科学技术工业委员会, 2002.

[167] GB/T 4372.1—2001, 直接法氧化锌化学分析方法 Na₂EDTA 滴定法测定氧化锌量[S]. 北京: 中华人民共和国国家质量监督检验检疫总局, 2001.

[168] Buühl M, Schreckenbach G, Sieffert N, et al. Effect of Counterions on the Structure and Stability of Aqueous Uranyl(VI) Complexes. A First – Principles Molecular Dynamics Study[J]. Inorganic Chemistry, 2009, 48(21): 9977 – 9979.

[169] Ravel B, Newville M. ATHENA and ARTEMIS: interactive graphical data analysis using IFEFFIT[J]. Physica Scripta, 2005, 2005: 1007.

[170] Kelly S, Hesterberg D, Ravel B. Analysis of soils and minerals using X – ray absorption spectroscopy[J]. Methods of Soil Analysis, Part, 2008.

[171] Hennig C, Hallmeier K, Zahn G, et al. Conformational influence of dithiocarbazinic acid bishydrazone ligands on the structure of zinc (II) complexes: A comparative XANES study[J]. Inorg Chem, 1999, 38(1): 38 – 43.

[172] Rossberg A, Reich T, Bernhard G. Complexation of uranium (VI) with protocatechuic acid—application of iterative transformation factor analysis to EXAFS spectroscopy[J]. Anal Bioanal Chem, 2003, 376(5): 631 – 638.

[173] Wasserman SR, Allen PG, Shuh DK, et al. EXAFS and principal component analysis: a new shell game[J]. Journal of Synchrotron Radiation, 1999, 6(3): 284 – 286.

[174] Ikeda A, Hennig C, Rossberg A, et al. Structural Determination of Individual Chemical Species in a Mixed System by Iterative Transformation Factor Analysis – Based X – ray Absorption Spectroscopy Combined with UV – Visible Absorption and Quantum Chemical Calculation[J]. Analytical Chemistry, 2008, 80(4): 1102 – 1110.

[175] Frenkel AI, Kleifeld O, Wasserman SR, et al. Phase speciation by extended X – ray absorption fine structure spectroscopy[J]. The Journal of chemical physics, 2002, 116: 9449.

[176] Wang X, Chen Q, Yin Z, et al. Real – solution stability diagrams for copper – ammonia – chloride – water system[J]. Journal of Central South University of Technology, 2011, 18(1):

48 – 55.

[177] Salhi R. Recovery of nickel and copper from metal fInishing hydroxide sludges by ammoniacal leaching[J]. Mineral Processing and Extractive Metallurgy, 2010, 119(3): 147 – 152.

[178] Gameiro M, Machado R, Ismael M, et al. Copper extraction from ammoniacal medium in a pulsed sieve – plate column with LIX 84 – I [J]. J Hazard Mater 2010, 183 (1 – 3): 165 – 175.

[179] Sengupta B, Bhakhar MS, Sengupta R. Extraction of zinc and copper – zinc mixtures from ammoniacal solutions into emulsion liquid membranes using LIX 841[J]. Hydrometallurgy, 2009, 99(1 – 2): 25 – 32.

[180] Giannopoulou I, Panias D, Paspaliaris I. Electrochemical modeling and study of copper deposition from concentrated ammoniacal sulfate solutions[J]. Hydrometallurgy, 2009, 99(1 – 2): 58 – 66.

[181] Sano M, Maruo T, Masuda Y, et al. Structural study of copper(II) sulfate solution in highly concentrated aqueous ammonia by X – ray absorption spectra[J]. Inorganic chemistry, 1984, 23(26): 4466 – 4469.

[182] Pasquarello A, Petri I, Salmon PS, et al. First solvation shell of the Cu (II) aqua ion: Evidence for fivefold coordination[J]. Science, 2001, 291(5505): 856.

[183] Chaboy J, Muñoz – Páez A, Merkling PJ, et al. The hydration of Cu: Can the Jahn – Teller effect be detected in liquid solution? [J]. The Journal of chemical physics, 2006, 124 (064509): 1 – 10.

[184] Veidis MV, Schreiber GH, Gough TE, et al. Jahn – Teller distortions in octahedral copper(II) complexes[J]. Journal of the American Chemical Society, 1969, 91(7): 1859 – 1860.

[185] Musinu A, Paschina G, Piccaluga G, et al. Coordination of copper(II) in aqueous copper sulfate solution[J]. Inorganic chemistry, 1983, 22(8): 1184 – 1187.

[186] Valli M, Matsuo S, Wakita H, et al. Solvation of Copper(II) Ions in Liquid Ammonia[J]. Inorganic Chemistry, 1996, 35(19): 5642 – 5645.

[187] Sakane H, Miyanaga T, Watanabe I, et al. EXAFS amplitudes of six – coordinate aqua and ammine 3d transition metal complexes in solids and in aqueous solutions[J]. Chemistry Letters, 1990, 19(9): 1623 – 1626.

[188] Nilsson KB, Eriksson L, Kessler VG, et al. The coordination chemistry of the copper (II), zinc (II) and cadmium (II) ions in liquid and aqueous ammonia solution, and the crystal structures of hexaamminecopper (II) perchlorate and chloride, and hexaamminecadmium (II) chloride [J]. J Mol Liq, 2007, 131: 113 – 120.

[189] Matsuo S, Wakita H. Structural Characterization of Chemical Species in Solution by a Theoretical Analysis of XANES Spectra[J]. Structural Chemistry, 2003, 14(1): 69 – 76.

[190] Schwenk CF, Rode BM. The influence of the Jahn – Teller effect and of heteroligands on the reactivity of Cu^{2+}[J]. Chemical Communications, 2003, 39(11): 1286 – 1287.

[191] Schwenk CF, Rode BM. Influence of heteroligands on structural and dynamical properties of hy-

drated Cu^{2+} : QM/MM MD simulations[J]. Physical Chemistry Chemical Physics, 2003, 5 (16): 3418 – 3427.

[192] Persson I, Persson P, Sandstrom M, et al. Structure of Jahn – Teller distorted solvated copper (II) ions in solution, and in solids with apparently regular octahedral coordination geometry [J]. Journal of the Chemical Society, Dalton Transactions, 2002, (7): 1256 – 1265.

[193] Frisch MJ, Trucks G, Schlegel H, et al. Gaussian 03, revision E. 01 [J]. Gaussian, Inc, 2004.

[194] Narbutt J, Bartos B, Siekierski S. Effect of outer – sphere hydration on liquid – liquid partition of tris – p – diketonates of 3d metal ions[J]. Solvent Extr Ion Exch, 1994, 12(5): 1001 – 1011.

[195] Zawadiak J, Mrzyczek M. UV absorption and keto – enol tautomerism equilibrium of methoxy and dimethoxy 1, 3 – diphenylpropane – 1, 3 – diones[J]. Spectrochimica Acta Part A: Molecular and Biomolecular Spectroscopy, 2010, 75(2): 925 – 929.

[196] Fackler JP, Cotton FA, Barnum DW. Electronic Spectra of β – Diketone Complexes. III. α – Substituted β – Diketone Complexes of Copper(II)[J]. Inorganic chemistry, 1963, 2(1): 97 – 101.

[197] Chen Z, Wu Y, Huang F, et al. Synthesis, spectral, and thermal characterizations of Ni(II) and Cu(II) β – diketone complexes with thenoyltrifluoroacetone ligand[J]. Spectrochim Acta Pt A – Mol Bio, 2007, 66(4 –5): 1024 – 1029.

[198] Kazao N. Infrared Spectra of Inorganic and Coordination Compounds. New York: John Wiley & Sons, 1963.

[199] Mazalov L, Trubina S, Fomin E, et al. X – Ray Study of the Electronic Structure of Copper(II) Acetylacetonate[J]. Journal of Structural Chemistry, 2004, 45(5): 800 – 807.

[200] Mazalov LN, Bausk NV, Érenburg SB, et al. X – Ray Investigation of the Structure of Metal Chelate Dithiocarbamate Complexes in Solution[J]. Journal of Structural Chemistry, 2001, 42 (5): 784 – 793.

[201] Erenburg SB, Bausk NV, Zemskova SM, et al. Spatial structure of transition metal complexes in solution determined by EXAFS spectroscopy[J]. Nuclear Instruments and Methods in Physics Research Section A: Accelerators, Spectrometers, Detectors and Associated Equipment, 2000, 448(1 –2): 345 – 350.

[202] Smith R, Martell A, Motekaitis R. Critically selected stability constants of metal complexes database[J]. NIST Standard Reference Database, 2001, 46.

[203] Smith RM, Matell AE. Critical stability constants. Inorganic Complexes, vol. 4. [M]. New York and London: Plenum Press, 1976.

[204] Pettit L, Powell H. The IUPAC Stability Constants Database, Academic Software and IUPAC. Royal Society of Chemistry, London, 1992.

[205] Chaboy J, Muñoz – Páez A, Carrera F, et al. Ab initio X – ray absorption study of copper K – edge XANES spectra in Cu (II) compounds [J]. Physical Review B, 2005, 71

(13): 134208.

[206] Schwenk CF, Rode BM. Influence of Electron Correlation Effects on the Solvation of Cu^{2+} [J]. Journal of the American Chemical Society, 2004, 126(40): 12786 – 12787.

[207] Pavelka M, Burda JV. Theoretical description of copper Cu(I)/Cu(II) complexes in mixed ammine – aqua environment. DFT and ab initio quantum chemical study[J]. Chem Phys, 2005, 312(1 –3): 193 –204.

[208] Burda JV, Pavelka M, Šimánek M. Theoretical model of copper Cu(I)/Cu(II) hydration. DFT and ab initio quantum chemical study[J]. Journal of Molecular Structure: THEOCHEM, 2004, 683(1 –3): 183 – 193.

[209] Berces A, Nukada T, Margl P, et al. Solvation of Cu2 + in Water and Ammonia. Insight from Static and Dynamical Density Functional Theory[J]. The Journal of Physical Chemistry A, 1999, 103(48): 9693 –9701.

[210] Liang Q – w, Hu H – p, Fu W, et al. Recovery of copper from simulated ammoniacal spent etchant using sterically hindered beta – diketone[J]. Transactions of Nonferrous Metals Society of China, 2011, 21(8): 1840 – 1846.

[211] Schwenk CF, Rode BM. Cu^{ii} in Liquid Ammonia: An Approach by Hybrid Quantum – Mechanical/Molecular – Mechanical Molecular Dynamics Simulation [J]. ChemPhysChem, 2004, 5 (3): 342 –348.

[212] Meng X, Han K. The Principles and Applications of Ammonia Leaching of Metals—A Review [J]. Mineral Processing and Extractive Metallurgy Review, 1996, 16(1): 23 –61.

[213] Mironov V, Pashkov G, Stupko T. Thermodynamics of formation reaction and hydrometallurgical application of metal – ammonia complexes in aqueous solutions[J]. Russ Chem Rev, 1992, 61: 944.

[214] Cole P, Sole K. Solvent extraction in the primary and secondary processing of zinc[J]. J S Afr Inst Min Metall, 2002, 102(8): 451 –456.

[215] Cote G. Hydrometallurgy of strategic metals[J]. Solvent Extraction and Ion Exchange, 2000, 18 (4): 703 –727.

[216] Sandhibigraha A, Bhaskara Sarma PVR. Co – extraction and selective stripping of copper and nickel using LIX87QN[J]. Hydrometallurgy, 1997, 45(1 –2): 211 –219.

[217] Reddy BR, Priya DN. Process development for the separation of copper(II), nickel(II) and zinc(II) from sulphate solutions by solvent extraction using LIX 84 I[J]. Sep Purif Technol, 2005, 45(2): 163 – 167.

[218] Tanaka M, Alam S. Solvent extraction equilibria of nickel from ammonium nitrate solution with LIX84I[J]. Hydrometallurgy, 2010, 105(1 –2): 134 – 139.

[219] Hoffmann MM, Darab JG, Palmer BJ, et al. A Transition in the Ni^{2+} Complex Structure from Six to Four Coordinate upon Formation of Ion Pair Species in Supercritical Water: An X – ray Absorption Fine Structure, Near – Infrared, and Molecular Dynamics Study[J]. The Journal of Physical Chemistry A, 1999, 103(42): 8471 –8482.

[220] Feth Martin P, Klein A, Bertagnolli H. Investigation of the Ligand Exchange Behavior of Square – Planar Nickel(II) Complexes by X – ray Absorption Spectroscopy and X – ray Diffraction [J]. Eur J Inorg Chem, 2003, 2003(5): 839 – 852.

[221] Clause O, Kermarec M, Bonneviot L, et al. Nickel(II) ion – support interactions as a function of preparation method of silica – supported nickel materials[J]. Journal of the American Chemical Society, 1992, 114(12): 4709 – 4717.

[222] Koshimura H, Okubo T. Extraction of nickel in the presence of ammonia with β – diketones containing phenyl and alkyl groups[J]. Polyhedron, 1983, 2(7): 645 – 649.

[223] 中本雄一. 无机和配位化合物的红外和拉曼光谱[M]. 北京: 化学工业出版社, 1986.

[224] Colpas GJ, Maroney MJ, Bagyinka C, et al. X – ray spectroscopic studies of nickel complexes with application to the structure of nickel sites in hydrogenases[J]. Inorganic chemistry, 1991, 30(5): 920 – 928.

[225] 张保平, 唐谟堂, 杨声海. 氨法处理氧化锌矿制取电锌[J]. 中南工业大学学报, 2003, 34 (6): 619 – 623.

[226] Ding Z, Yin Z, Hu H, et al. Dissolution kinetics of zinc silicate (hemimorphite) in ammoniacal solution[J]. Hydrometallurgy, 2010, 104(2): 201 – 206.

[227] Yin Z, Ding Z, Hu H, et al. Dissolution of zinc silicate (hemimorphite) with ammonia – ammonium chloride solution[J]. Hydrometallurgy, 2010, 103(1 – 4): 215 – 220.

[228] Watanabe I, Tanida H, Kawauchi S. Coordination structure of zinc (II) ions on a Langmuir monolayer, observed by total – reflection X – ray absorption fine structure[J]. Journal of the American Chemical Society, 1997, 119(49): 12018 – 12019.

[229] Pan HK, Knapp GS, Cooper SL. EXAFS and XANES studies of Zn^{2+} and Rb^+ neutralized perfluorinated ionomers[J]. Colloid Polym Sci, 1984, 262(9): 734 – 746.

[230] Diamond H, Pan H – K, Knapp GS, et al. The coordination of zinc in the $Zn(TTA)_2TBP$ complex in benzene solution using EXAFS[J]. Solvent Extraction and Ion Exchange, 1983, 1(3): 515 – 528.

[231] Martell AE, Hancock RD. Metal complexes in aqueous solutions[M]. New York: Plenum Press 1996.

[232] Alzoubi BM, Puchta R, van Eldik R. Ligand exchange processes on the solvated zinc cation II. $[Zn(H_2O)_4L]^{2+} \cdot 2H_2O$ with L = NH_3, $NH_2(CH_3)$, $NH(CH_3)_2$, and $N(CH_3)_3$[J]. Aust J Chem, 2010, 63(2): 236 – 244.

[233] Yamaguchi T, Ohtaki H. X – Ray Diffraction Studies on the Structures of Tetraammine – and Triamminemonochlorozinc (II) Ions in Aqueous Solution[J]. Bull Chem Soc Jpn, 1978, 51 (11): 3227 – 3231.

[234] Adrian MR, Boris VK. Dependence of the extraction ability of organic compounds on their structure[J]. Russian Chemical Reviews, 1996, 65(11): 973.

[235] Hancock RD, Martell AE. Ligand design for selective complexation of metal ions in aqueous solution[J]. Chem Rev, 1989, 89(8): 1875 – 1914.

［236］ Lenarcik B, Kierzkowska A. The influence of alkyl chain length on stability constants of Zn(II) complexes with 1 – Alkylimidazoles in aqueous solutions and their partition between aqueous phase and organic solvent[J]. Solvent Extr Ion Exch, 2004, 22(3): 449 – 471.

［237］ Lenarcik B, Kierzkowska A. The influence of alkyl chain length and steric effect on extraction of zinc(II) complexes with 1 – alkyl – 2 – methylimidazoles[J]. Solvent Extr Ion Exch, 2006, 24 (3): 433 – 445.

［238］ Sastre AM, Szymanowski J. Discussion of the physicochemical effects of modifiers on the extraction properties of hydroxyoximes. A review[J]. Solvent Extr Ion Exch, 2004, 22(5): 737 – 759.

［239］ Atanassova M, Dukov I. A Comparative Study of the Solvent Extraction of the Trivalent Elements of the Lanthanoid Series with Thenoyltrifluoroacetone and 4 – Benzoyl – 3 – methyl – 1 – phenyl – 2 – pyrazolin – 5 – one Using Diphenylsulphoxide as Synergistic Agent[J]. J Solution Chem, 2009, 38(3): 289 – 301.

［240］ Luo F, Li D, Wei P. Synergistic extraction of zinc(II) and cadmium(II) with mixtures of primary amine N1923 and neutral organophosphorous derivatives[J]. Hydrometallurgy, 2004, 73 (1 – 2): 31 – 40.

［241］ Bhattacharyya A, Mohapatra PK, Banerjee S, et al. Role of Ligand Structure and Basicity on the Extraction of Uranyl Isoxazolonate Adducts[J]. Solvent Extr Ion Exch, 2004, 22(1): 13 – 29.

［242］ Torkestani K, Goetz – Grandmont G, J., Brunette J – P. Synergistic extraction of some divalent metal cations with 3 – phenyl – 4 – benzoylisoxazol – 5 – one and P ═O donor ligands in chloroform[J]. Analusis, 2000, 28(4): 324 – 329.

［243］ Huddleston JG, Rogers RD. Room temperature ionic liquids as novel media for 'clean' liquid – liquid extraction[J]. Chem Commun, 1998, 34(16): 1765 – 1766.

［244］ Dietz ML, Dzielawa JA, Laszak I, et al. Influence of solvent structural variations on the mechanism of facilitated ion transfer into room – temperature ionic liquids[J]. Green Chem, 2003, 5 (6): 682 – 685.

［245］ 孙晓琦. 离子液基萃取金属离子的研究进展[J]. 分析化学, 2007, 35(4): 597 – 604.

［246］ Dai S, Ju Y, Barnes C. Solvent extraction of strontium nitrate by a crown ether using room – temperature ionic liquids[J]. J Chem Soc, Dalton Trans, 1999, 28(8): 1201 – 1202.

［247］ Sun X, Wu D, Chen J, et al. Separation of scandium(III) from lanthanides(III) with room temperature ionic liquid based extraction containing Cyanex 925[J]. J Chem Technol Biotechnol, 2007, 82(3): 267 – 272.

［248］ Kidani K, Imura H. Solvent effect of ionic liquids on the distribution constant of 2 – thenoyltrifluoroacetone and its nickel(II) and copper(II) chelates and the evaluation of the solvent properties based on the regular solution theory[J]. Talanta, 2010, 83(2): 299 – 304.

［249］ Visser AE, Jensen MP, Laszak I, et al. Uranyl coordination environment in hydrophobic ionic liquids: An in situ investigation[J]. Inorg Chem, 2003, 42(7): 2197 – 2199.

［250］ Grigorieva NA, Pavlenko NI, Pashkov GL, et al. Investigation of the State of Bis(2,4,4 – trimethylpentyl) dithiophosphinic Acid in Nonane in the Presence of Electron – Donor Additives [J]. Solvent Extr Ion Exch, 2010, 28(4): 510 –525.

[251] Tokuda H, Ishii K, Susan MABH, et al. Physicochemical Properties and Structures of Room – Temperature Ionic Liquids. 3. Variation of Cationic Structures [J]. The Journal of Physical Chemistry B, 2006, 110(6): 2833 –2839.

[252] Tokuda H, Hayamizu K, Ishii K, et al. Physicochemical Properties and Structures of Room Temperature Ionic Liquids. 2. Variation of Alkyl Chain Length in Imidazolium Cation[J]. The Journal of Physical Chemistry B, 2005, 109(13): 6103 –6110.

[253] Tokuda H, Hayamizu K, Ishii K, et al. Physicochemical Properties and Structures of Room Temperature Ionic Liquids. 1. Variation of Anionic Species[J]. The Journal of Physical Chemistry B, 2004, 108(42): 16593 –16600.

[254] Freire MG, Neves CMSS, Carvalho PJ, et al. Mutual solubilities of water and hydrophobic ionic liquids[J]. J Phys Chem B, 2007, 111(45): 13082 –13089.

[255] Li Y, Wang LS, Cai SF. Mutual Solubility of Alkyl Imidazolium Hexafluorophosphate Ionic Li quids and Water[J]. J Chem Eng Data, 2010, 55: 5289 –5293.

[256] Jensen MP, Neuefeind J, Beitz JV, et al. Mechanisms of metal ion transfer into room – temperature ionic liquids: the role of anion exchange [J]. J Am Chem Soc, 2003, 125 (50): 15466 –15473.

图书在版编目(CIP)数据

氨性溶液金属萃取与微观机理/胡久刚,陈启元著.
—长沙:中南大学出版社,2015.11
ISBN 978 - 7 - 5487 - 2065 - 2

Ⅰ.氨… Ⅱ.①胡…②陈… Ⅲ.氨液－金属－溶剂萃取－研究
Ⅳ.TF804.2

中国版本图书馆 CIP 数据核字(2015)第 296680 号

氨性溶液金属萃取与微观机理

胡久刚　陈启元　著

□责任编辑	李宗柏　史海燕
□责任印制	易红卫
□出版发行	中南大学出版社
	社址:长沙市麓山南路　　　邮编:410083
	发行科电话:0731-88876770　传真:0731-88710482
□印　　装	长沙市宏发印刷有限公司

□开　本	720×1000　1/16　□印张 10.25　□字数 200 千字
□版　次	2015 年 11 月第 1 版　□印次　2015 年 11 月第 1 次印刷
□书　号	ISBN 978 - 7 - 5487 - 2065 - 2
□定　价	55.00 元